芜湖气象与现代农业

张　丽　　主编

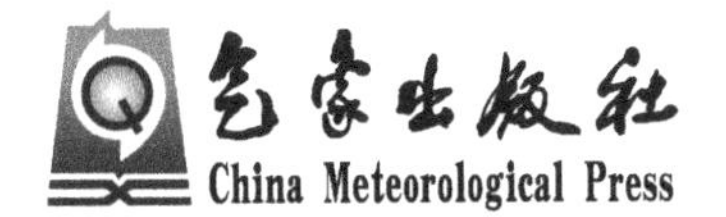

内 容 简 介

全书从芜湖环境特征及农业概况、气候概况、气候资源、主要农业气象灾害、气象与常规农业、气象与现代农业、气象条件与畜牧生产、水产设施养殖、人工影响天气和气象与农业保险十个方面介绍芜湖的气候和农业生产特色，详细地阐述了农业生产与气象条件的关系，针对芜湖的主要农业气象灾害提出了现代农业防灾、减灾以及避灾的相关措施。全书内容丰富，言简意赅，具有一定的科学性、知识性以及实用性。

图书在版编目(CIP)数据

芜湖气象与现代农业/张丽主编.—北京：气象出版社，2015.10

ISBN 978-7-5029-6248-7

Ⅰ.①芜… Ⅱ.①张… Ⅲ.①农业气象-关系-农业生产-研究-芜湖市 Ⅳ.①S16

中国版本图书馆 CIP 数据核字(2015)第 223721 号

芜湖气象与现代农业

Wuhu Qixiang yu Xiandai Nongye

出版发行：气象出版社
地　　址：北京市海淀区中关村南大街 46 号　　**邮政编码**：100081
总 编 室：010-68407112　　**发 行 部**：010-68409198
网　　址：http://www.qxcbs.com　　**E-mail**：qxcbs@cma.gov.cn
责任编辑：隋珂珂　　**终　　审**：章澄昌
封面设计：易普锐创意　　**责任技编**：赵相宁
印　　刷：北京京华虎彩印刷有限公司
开　　本：710 mm×1000 mm　1/16　　**印　　张**：8.75
字　　数：224 千字
版　　次：2015 年 9 月第 1 版　　**印　　次**：2015 年 9 月第 1 次印刷
定　　价：28.00 元

编 委 会

序

农业是对天气和气候变化最为敏感的行业之一，到目前为止，我国农业还没有改变靠天吃饭的局面。特别是近年来受全球气候变暖影响，极端天气气候事件增加，农业气象灾害发生频率呈明显上升的态势。气候变化对农业带来的不利影响会造成粮食产量的波动，危及粮食安全、社会的稳定和经济的可持续发展。

农业是国民经济的基础，做好气象为农业服务是党中央、国务院对气象工作的明确要求，也是我们气象部门一直以来的主要任务。随着现代农业的发展和社会主义新农村建设进程的推进，我们清醒地认识到，气象为“三农”服务的任务越来越重，难度越来越大，要求越来越高。面对新形势新需求，我们气象部门特别是基层气象部门要紧密围绕经济社会发展的需求，充分依靠气象科技振兴农业，合理开发利用农业气候资源，防御和减轻气象灾害对现代农业以及新农村建设造成的不利影响，充分发挥气象为农业生产和农村改革发展服务的职能和作用。

芜湖地处长江下游，水网丰富，土壤肥沃，气象资源优越，农产品种类多、品质好，被誉为鱼米之乡。但是，高温热害、连阴雨、干旱、洪涝等气象灾害的发生也常给农业生产带来重大的损失。当前芜湖农业正处于由传统农业向高产、优质、高效、生态、安全的现代农业加快转变的关键时期，集约化、产业化的农业大生产更需要气象科技强有力的支撑和个性化的服务。在芜湖农业种植模式、农业布局发生转变的新背景下，如何将气象和农业更科学、更紧密地结合，充分利用气候资源，降低气象灾害带来的损失，成了农业和气象部门需要着力破解的一个重大课题。

由于地域等多方面的差异，仅仅依靠农业气象方面一些普适性研究来指导农业气象防灾减灾、趋利避害还是远远不够的，因此建立适应当地气候特点和农作物特性的农业气象资料库来指导当地的农业生产，显得十分必要和迫切，这正是芜湖市气象局组织气象专业技术人员和农业科技专家精心编撰《芜湖气象与现代农业》的初衷。该书从芜湖当地实际出发，不仅介绍了芜湖气候特征、芜湖农业生产概况和生产技术，还介绍了农业保险等富有特色的新内容。全书农业部分的内容除了传统种植业以外还补充了现代新型农业、渔业、畜牧业等多方面内容，并侧重介绍了芜湖市区域内农业气象灾害的防御以及人工影响天气等知识。该书资料翔实、内容丰富，气象条件和农业生产得到了紧密的结合，它的出版将为进一步提升芜湖气象为农服务科技水平、为农业提质增效发挥积极的作用。

芜湖市气象局局长　倪高峰

2015 年 6 月 8 日

前　言

芜湖位于长江下游沿岸平原之上，是安徽省次中心城市，与省会合肥市并称为安徽省“双核”城市。江河湖泊星罗棋布，土地肥沃，气候温和。盛产稻米、鱼、虾、蟹等，素有“鱼米之乡”的美誉。改革开放以来，随着地方经济的蓬勃发展，城乡居民生活水平的日益提高，芜湖的特色农业、设施农业、观光农业、都市农业等现代农业产业都呈现出强劲的发展态势。芜湖现代农业的迅速发展，迫切要求气象部门开展全方位、全程化的农业气象服务。

芜湖的为农气象服务近年来虽然取得一定的成效，但由于芜湖历史上一直没有农业气象观测站，从事农业气象服务的专业人员较少，缺乏完善的本地化的农业气象服务理论体系，尤其是针对现代农业方面的服务基础薄弱。同时，随着芜湖现代农业的投入和产值的逐渐增大，相对应的风险也在同步增大，广大的种养殖户、涉农企业和一些农技人员等都急需了解芜湖本土的气象与农业的相关知识，以便顺应本地的自然气候条件和农业产业发展，筛选出适宜本地推广的品种和技术，趋利避害、防灾减灾，以达到增产增收的目的。针对上述情况，芜湖市气象局与芜湖市农委积极加强部门联动，本着“资源共享、优势互补”的原则，组织气象和农业方面的专业技术人员，合力编著了这本《芜湖气象与现代农业》，以求为及时有效地开展各类农业气象服务提供有力的科技支撑，对因地制宜、合理安排农业生产、农业提质增效以及有效应对气候变化对农业的影响等有所裨益。

全书由张丽主持编写，其中第1章芜湖环境特征及农业概况和第4章芜湖主要农业气象灾害由张丽执笔；第2章芜湖气候概况由刘蕾执笔；

第3章芜湖气候资源由吴玮执笔；第5章气象与常规农业和第6章气象与现代农业由丁卫东执笔；第7章气象条件与畜牧生产由杨艳丽执笔；第8章水产设施养殖由邓朝阳执笔；第9章人工影响天气由吕娟执笔；第10章气象与农业保险由徐哲生执笔。吕慧慧、石涛对相关资料进行了收集整理工作。张丽负责全书的统稿。

本书在编写过程中得到了芜湖市气象局副局长丁皖陵、芜湖市农业委员会总农艺师廖晓红的支持和帮助，芜湖市气象局局长倪高峰审阅了全书，并提出了许多宝贵意见，在此一并表示衷心的感谢。

在编写过程中，参阅和引用了许多专家学者的论著及研究成果，未能一一注明的请见谅，并向所有的责任者表示诚挚的谢意。

限于能力水平，本书疏漏之处在所难免，敬祈专家和广大读者批评指正。

张　丽

2015年6月

目　录

第 1 章　芜湖环境特征及农业概况

"云开看树色，江静听潮声。古塔飘晚钟，长桥沐朝晖。"

芜湖，地处安徽省东南部，别称"江城"，是长江流域区域中心城市和重要的港口城市。芜湖环境优美，物产丰富，是安徽省气候条件，农业发展区位优势最好的地区之一，芜湖自古就有"鱼米之乡"的美誉。

芜湖是一座具有悠久历史的文化名城。位于繁昌县境内的古人类遗址人字洞考古发掘表明，早在 200 万～240 万年前，欧亚大陆尽是蛮荒的时候，芜湖就有古人类的活动了。春秋时，因"湖沼一片，鸠鸟繁多"而见于史载，被吴国命名为鸠兹邑，流经此地的长江一段由此别名鸠江，距今已有 2500 余年。因鸠兹有一个长形湖泊"蓄水不深而多生芜藻"，故得名芜湖。芜湖素有"江东首邑""吴楚名区""吴头楚尾"之称。南唐时即"楼台森列，烟火万家"，已是繁华的市镇。宋朝全国经济重心逐渐南移。为促使农业的发展，大兴筑圩，大片湖沼变成良田。在芜湖地区修筑了政和圩、行春圩、陶辛圩和万春圩等。农业经济的发展促进了手工业和商业的兴起，城区也迅速扩大，芜湖成为当时沿江的一座名城。元明时期"十里长街、百货咸集、市声若潮"。明代时期芜湖港开辟，清代时期形成巨大的米业市场，为"四大米市"之首成为当时的经济重镇，商业中心。因"长江巨埠、皖之中坚"（孙中山语）名誉华夏。1876 年中英《烟台条约》把芜湖辟为通商口岸，成为近代安徽开放先锋。这个不平等条约的签订，在给芜湖民族经济带来了巨大冲击并造成畸形发展的同时，也从此打开了芜湖对外开放的大门。

1949 年 4 月 24 日，芜湖解放。1949 年 5 月 10 日，成立芜湖市人民政府，从此开始了新的历史时期。几十年来在中国共产党的领导及全市人民的努力下，芜湖市发生了巨大的变化，由一个半封建半殖民地的消费性城市，改造建设成为社会主义新城市。改革开放三十年，芜湖在建设有中国特色社会主义伟大实践中，抓住"呼应浦东开发皖江"和中部崛起的历史性机遇，在安徽奋力崛起中争当排头兵，开拓了"奋力争先、科学发展"的道路。目前，芜湖已发展成为安徽省的经济、文化、交通、政治次中心，是国务院批准的沿江重点开放城市、皖江城市带承接产业转移示范区核心城市、南京都市圈成员城市，与省会合肥并称为安徽省"双核"城市。

1.1 地理位置与经济社会

芜湖市位于安徽省东南部，地处北纬 30°38′30″～31°32′25″、东经 117°28′28″～118°43′41″，属东八时区，市区坐落在长江与青弋江交汇处。全市东西两端最长距离约 119 千米，南北两端最长距离约 100 千米。市域东与马鞍山市、宣城市相连，南邻宣城市，西南与安庆、铜陵、池州市相连，西与合肥市接壤，北接马鞍山市。全市总面积 5988 平方千米，人口 384.54 万人。其中市区面积 1292 平方千米，人口 136.1 万人。

芜湖市辖镜湖、弋江、鸠江、三山 4 区，无为、芜湖、繁昌、南陵 4 县。有乡镇 44 个，街道办事处、公共服务中心 30 个、村委会 673 个、社区居委会 295 个。

镜湖区：是芜湖市的市区城区。区境东、北与鸠江区、芜湖县接壤，南与弋江区隔青弋江相望，西濒长江。土地总面积约为 121 平方千米，人口 60.00 万人。弋江区：位于市区中南部。东与镜湖区接壤，南与南陵县相接，西濒长江，西南隔漳河与三山区相望，北隔青弋江和镜湖区相望。面积 178 平方千米，常住人口 33 万人。鸠江区：位于市区东北部。鸠江跨江分布，东连马鞍山市当涂县，南邻镜湖区、芜湖县。西接马鞍山市含山县、无为县，北靠马鞍山市和县。面积 697 平方千米，人口 48.8 万人。三山区：位于市区西南部。东邻弋江区、芜湖县、南陵县以漳河为界，西南与繁昌县接壤，区域轮廓呈东向飞行的蝴蝶状。面积 276.1 平方千米，人口 15.3 万人。

芜湖自北向南分别坐落无为、芜湖、繁昌和南陵四县，其中面积最大人口最多的是无为县。无为县名取“思天下安于无事，无为而治”之意，自隋朝始建以来，已有 1400 余年历史。宋代曾与临安、扬州、寿春并称“全国四大名城”；抗日战争和解放战争时期，无为是皖江抗日根据地中心区和“渡江第一船”始发地。无为县地处安徽省中南部(东 117°28′48″～118°21′00″，北纬 30°56′21″)，长江北岸，北依巢湖，南与芜湖市区、铜陵市隔江相望。距省会合肥市百余千米。全县总面积 2083 平方千米、人口 121.4 万，现辖 19 个乡镇(无城镇、陡沟镇、福渡镇、泥汊镇、姚沟镇、刘渡镇、襄安镇、十里墩乡、泉塘镇、蜀山镇、洪巷乡、牛埠镇、昆山乡、鹤毛乡、开城镇、赫店镇、严桥镇、红庙镇、石涧镇)、2 个省级经济开发区。

芜湖县位于安徽省东南部，长江中下游南岸。地处东经 118°17′～118°44′，北纬 30°57′～31°24′。北与芜湖市郊区及当涂县毗连，东以裘公河、东南以九连山脊与宣城县分界，西南隔漳河与南陵、繁昌两县为邻，东北与当涂县交界，西北毗邻芜湖市区。现辖湾沚、六郎、陶辛、红杨、花桥 5 个镇，总面积 670 平方千米，人口 35 万人。境域呈矩形，东西境最宽处约 40 千米，南北长约 51 千米。芜湖县于西汉元封二年(公元前 109 年)置县。境内现存楚王城、南唐九十殿、北宋东门渡官窑、南宋珩琅塔等古迹。芜湖县交通便捷,距南京禄口机场、合肥新桥机场约2小时车程,境内青弋江、水阳江直通黄金水道长江。

繁昌县地处安徽东南部、长江南岸、西汉元封二年(公元前109年)建县、古称“春谷”,至今已有2100多年历史。介于北纬30°57′～31°17′,东经117°58′～118°22′;纵横36～38千米,面积590平方千米,人口28万。现辖繁阳、荻港、孙村、平铺、新港、峨山六镇。现有全国重点文物保护单位3处,“繁昌人字洞”是迄今亚欧大陆发现最早的古人类活动遗址。解放战争时期,人民解放军百万雄师“渡江第一船”在繁昌县登陆。境内资源丰富,拥有长江岸线22千米,以及国家级森林公园、4A级旅游景区——马仁奇峰。交通区位优越,沪铜铁路、沿江高速公路、沿江高等级公路、宁安城际铁路在此交汇。

南陵县始置于南朝梁武帝(公元525年)期间。是中国青铜文化的发祥地之一,被誉为“古铜都”,地处安徽省东南部,是国家皖江城市带承接产业转移示范区核心区。县域总面积1263.7平方千米,人口55.04万,现辖籍山镇、三里镇、许镇镇、弋江镇、家发镇、何湾镇、烟敦镇、工山镇8镇。境内遗有大工山古矿冶遗址、皖南土墩墓群千峰山遗址以及牯牛山古城遗址三处全国重点文物保护单位。诗仙李白曾两度携家寓居南陵,名句“仰天大笑出门去,我辈岂是蓬蒿人”千古流传。长时间的历史沉淀,形成了“青铜文化”“三国文化”“盛唐文化”三张名片。南陵区位突出,交通发达。南陵处于沿海开放地区向内地梯度推进的交汇点,是通往“两山一湖”的重要门户,距南京禄口机场仅1.5小时车程,距合肥新桥机场仅2小时车程。205、318国道,216、320省道交汇于县城,长江支流青弋江、漳河横贯境内。

芜湖市经济地理位置优越,濒江近海,处于沿海开放向内地梯度推进的交汇点,具有向两翼腹地延伸辐射的区位优势,是通往世界名山黄山、佛教圣地九华山和太平湖风景区的重要门户。芜湖交通便捷,是华东水陆交通的枢纽。芜湖港是长江溯江而上的最后一个深水良港;已经建成通车的高速公路在芜湖市形成了东接苏浙沪长三角经济区、南连闽粤沿海发达地区、北接皖江江淮大地的“十”字形高速主通道;皖江第一座公铁路两用大桥——芜湖长江大桥,给发展芜湖乃至全省的交通、商贸、旅游、经济建设诸方面带来了新的机遇。改革开放后,安徽省将芜湖列为皖江的龙头。芜湖经济技术开发区是安徽省最早的国家级经济技术开发区,现已形成了特色鲜明、具有较强竞争力的汽车及零部件、电子电器、材料三大支柱产业。在开发区之外,芜湖还建立了7个各具特色的省级开发区,如今都已成为县区经济的主导力量。今天的芜湖,拥有国内最大的汽车民族自主品牌企业奇瑞,亚洲最大的水泥企业、产能居世界第一的塑料型材企业海螺集团,亚洲目前单体面积最大、科技含量最高的第4代高科技主题公园方特欢乐世界,全国最大的余热发电装备生产基地,全国最大的超白光伏玻璃生产基地,中国第二大家用空调器生产基地,全国排名第三的铜基材料基地，以及全国前列的光电产业基地。

2013年，全市人民在市委、市政府的坚强领导下，按照稳中求进、稳中有为的总要求，科学谋划，主动作为，经济社会发展呈现出结构优化、质量提升、后劲增强、民生改善的良好局面。经济总量迈上新台阶，全市实现地区生产总值2090亿元，比上年增长12%；财政收入381.7亿元，增长13.2%；全社会固定资产投资2040亿元，增长20%；社会消费品零售总额557亿元，增长14%；进出口总额54.3亿美元，增长19.1%；城镇新增就业8万人；城市居民人均可支配收入26160元，农民人均纯收入11078元，分别增长10%和14.5%。《2013福布斯创新能力最强的25个中国大陆城市排行榜》中，芜湖市是安徽唯一进入此榜城市，名列第十七位。

1.2 地形地貌与自然资源

芜湖地势西南高东北低。西部和南部多山地。地形呈不规则长条状；地貌属长江中下游冲积平原，主要由河漫滩和阶地构成，还有台地和丘陵。芜湖地处长江下游，跨江带河，境内水网密布，湖泊众多。土壤类型复杂多样，自然土壤有黄壤、棕壤；耕作土壤有水稻土和潮土。植被属北亚热带——常绿阔叶混交林地带。由于人为影响，原生植被已不存在，多为次生林和人工林，沿江平原则以栽培作物为主。截至2013年底，全市林业用地124691公顷；森林覆盖率17.94%；林木绿化率26.22%；全市建有国家级自然保护区1处(安徽省扬子鳄国家自然保护区南陵县保护点)；国有林场4个(南陵县戴公山林场、南陵县丫山林场、无为县周家大山林场、无为县打鼓林场)，总面积4125.33公顷。森林公园4处(繁昌县马仁国家级森林公园、南陵县小格里省级森林公园、无为县天井山国家森林公园、南陵县丫山省级森林公园)。目前芜湖建成区绿化覆盖率达39%，绿地率35%，人均公园绿地面积9.6平方米。2012年2月，芜湖市获得国家园林城市称号，并被评为中国十佳宜居城市之一，是唯一上榜的安徽城市。

芜湖山环水绕、襟江带河，芜湖的自然资源丰富多彩，为芜湖经济的发展提供了很好的基础。水资源方面：芜湖市水面面积797平方千米，占国土面积的13.3%。长江自西南向东北横贯市境，将全市划分为江南和江北两大片。江南青弋江、水阳江、漳河干支流贯穿南陵、繁昌、芜湖三县，黑沙湖、龙窝湖、奎湖散布其间；江北也是河流众多、水网密布，塘坝、水库星罗棋布，主要河流有西河、裕溪河、牛屯河，主要湖泊有竹丝湖等。长江从本市流过，使得过境的长江水资源极其丰富(多年平均年径流量8956亿立方米)；由于芜湖市地处南北冷暖气流频繁交会地带，雨量充沛，致使本地地表水资源量较为丰富，多年平均年径流量(不包括过境水量)达到31.65亿立方米；此外全市范围均属冲积平原，降雨补给充分，致使地下水资源也极为丰富，单就浅层地下水蕴藏量多年平均就达7.03亿立方米。土地方面：至2013年底，全市耕地面积268551.59公顷；园地3668.32公顷；草地7662.50公顷；城镇及工矿用地90240.30公顷；交通运输用地14050.30公顷；水域及水利设施用地116292.82公顷；其他土地（设施农业、田坎、盐碱地、沼泽地、沙地、裸地）6703.34公顷。

树种资源：芜湖属于北亚热带、中亚热带的落叶阔叶林与常绿阔叶林混交林地带，由于人为影响，原生天然植物已不存在，多为次生林和人工林，各类树种资源较为丰富，不仅为植树造林的选择、也为生态环境水平的提高和生物的多样性提供了广阔的发展空间。造林绿化树种主要有：银杏、杉木、湿地松、火炬松、水杉、池杉、杂交柳、侧柏、樟树、檫树、槐树、枫香、麻栎、香椿、悬铃木（法国梧桐）、女贞、喜树、石楠、广玉兰、紫玉兰、欧美杨及其系列、泡桐、杜仲、光叶白兰花（深山含笑）、木荷、桑、毛竹等。乡土树种主要有：圆柏、柏木、刺柏、马尾松、梧桐、垂柳、白榆、榔榆、朴树、楝树、刺槐、化香、青檀、天竺桂、山槐、枫杨、臭椿、黄连木、黄桐、构树、锥栗、茅栗、丝锦木、三角枫、五角枫、鸡爪槭、棠梨等。经济林树种主要有：油桐、乌桕、油茶、茶、桑、吴茱萸、五加、厚朴、棕榈、板栗、柿树、枣、李、沙梨系列、石榴、枇杷、杏、苹果及巨森苹果、猕猴桃、葡萄及巨峰、藤稔、京亚、金星无核、紫珍香、桃，水蜜桃系：安农水蜜桃、金华大白桃、早凤王、新川中岛、丰白（天王桃），油桃系列：曙光、艳光、金山早红、中油5号、千年红，蟠桃系列：早露、美红蟠以及黄桃。

动物资源：芜湖市境内野生动物资源非常丰富，其中不乏珍稀动物。属国家一级重点保护的有扬子鳄、梅花鹿、金钱豹、云豹、鬣羚等，常见属国家二级重点保护的有穿山甲、苏门羚、獐、猫头鹰、猴面鹰、白鹇等。偶见属国家二级重点保护的有猕猴、小灵猫、水獭、大鲵、大天鹅等。此外还有喜鹊、灰喜鹊、大嘴乌鸦、大山雀、黄雀、山麻雀、画眉、夜鹰、翠鸟、星头啄木鸟、云雀、董鸡、山斑鸠、四声杜鹃、大杜鹃、中杜鹃、小杜鹃、池鹭、苍鹭、牛背鹭、朱鹭、大白鹭、中白鹭、白鹭、夜鹭、岩鹭、草鹭、黄嘴鹭、黑枕黄鹂、八哥、黄眉、柳莺、绿头鸭、锦鸡、刺猬、穿山甲、草兔、花松鼠、豪猪、狼、黄鼬、猪獾、花面狸、野猪、乌龟、中华大蟾蜍、乌梢蛇、赤链蛇、狗獾、狐、竹叶青、中国水蛇、眼镜蛇、蟒蛇、蝮蛇。20世纪90年代以来，由于生态环境的变化，部分野生动物数量减少，如梅花鹿、野山羊已经绝迹。

矿产资源：全市矿产资源较为丰富，现发现矿产59种，探明矿产地百余处，已开发利用的矿种有21种。金属矿主要有铁、铜、锌、金等，非金属矿主要有硫铁矿、石灰岩、白云岩、含钾岩石和膨润土等。2010年底在南陵县姚家岭发现特大型铜、铅、锌、金矿床，探明铜、铅、金、锌金属储量165.30万吨，其中：铜金属储量13.4万吨、铅金属储量20万吨、锌金属储量122万吨（共伴生金67吨、伴生银857吨）。全市年产矿石总量2260万吨。矿产资源主要分布在无为县、繁昌县、南陵县境内，芜湖县、弋江区、鸠江区、三山区境内有少量分布。

旅游资源:芜湖是一座具有滨江山水园林特色的文化旅游名城、是中国优秀旅游城市,中国最佳休闲城市,现有国家 A 级旅游景区 27 处,其中 4A 级景区 7 处,3A 级景区 9 处。山水环抱,风光宜人,人文景观荟萃,古迹众多,为著名滨江旅游胜地。代表性的古遗迹有欧亚大陆迄今为止发现最早的古人类活动遗址的"人字洞"、载入《中国陶瓷史》的繁昌窑遗址遗迹、反映古吴越文化的皖南土墩墓群、彰显我国古代冶炼技艺的大工山古铜矿冶炼遗址,还有叙述"干将铸剑"传说的淬剑池遗址等。芜湖红色文化旅游资源十分丰富,有王稼祥纪念园、新四军第七师司令部旧址、谭震林将军活动旧址、渡江战役第一船登陆——板子矶,芜湖烈士陵园等。此外,芜湖佛教资源丰富,代表性寺庙有地藏王金乔觉在芜开坛讲经说法 3 年的广济寺以及隐静寺、马仁寺、宝莲寺、三圣寺、乌霞寺等。芜湖于 1876 年被辟为通商口岸,现留存有以天主教堂、圣雅阁教堂、老芜湖海关旧址为代表的近代西洋建筑共 20 处。方特主题公园和大浦乡村世界、奇瑞汽车工业园、奇瑞农山露营地等旅游项目均引领国内同类旅游市场。芜湖半城山半城水,以赭山、神山、天门山、马仁山和镜湖、陶辛等为代表的山水景观丰富。

1.3 河流湖泊的分布情况

芜湖主要河流有长江及其支流青弋江、水阳江分汊河道裘公河、漳河、黄浒河、裕溪河、牛屯河等。流域面积大于 100 平方千米的支流有七星河、黄浒河和峨溪河,主要湖泊有镜湖、黑沙湖、龙窝湖、竹丝湖、凤鸣湖、池湖和奎湖等。全市现有在册圩口 150 个,堤防总长度 2030.5 千米(其中 5 万亩以上圩口 14 个,1~5 万亩圩口 27 个);共有小型水库 106 座,总库容 6606.2 万立方米;涵闸斗门 1527 座;固定排灌泵站 1202 座 2650 台套 229999 千瓦;万亩以上灌区 42 处,总有效灌溉面积 8.81 万公顷;较大的排灌沟渠 6100 条,总长度 6600.0 千米;较大的湖塘 51200 口,湖塘面积 386.0 平方千米。

芜湖拥有近 200 千米的长江岸线,占长江安徽段干流岸线长度的 24.9%,是安徽省岸线资源最丰富的城市。长江自芜湖北岸无为县灰河口入境至芜湖市鸠江区横埂头出境,流经芜湖市内河道长度约 114.70 千米左右。长江江面宽阔,沙洲罗列,宽窄不一,一般宽 2 千米,最窄处仅为 0.9 千米。大洪水时连同夹州最宽可达 10 千米左右。长江主汛期在 6—8 月。芜湖历史最高实测水位 12.87 米(1954 年 8 月 25 日)。

青弋江是长江中下游最大的一条支流,同时也是芜湖人民的母亲河。她发源于黄山北麓黟县境内,其主流自陈村水库之下,途经泾县、南陵县弋江镇、西河镇、芜湖县湾沚镇。自南陵县孤峰河口入境,至芜湖市中江塔处入长江。流域上游属丛山峡谷地区，岩石分布主要为花岗岩和变质岩。流域中游为低山丘陵区，冈峦起伏，为皖南山区与沿江平原地过渡地带。下游为濒临长江地平原圩区，主要由长江及本流域河流地冲积作用和湖泊淤积而成，河道纵横，水网交错。青弋江水阳江漳河一起俗称“三江”流域，青弋江位于“三江”流域中部，河流总长 291 千米，流域总面积 7195 平方千米，主要支流有徽水、琴溪河、寒亭河、孤峰河等。青弋江纵横的水系灌溉了周围万顷良田，提高了芜湖在中国近代“四大米市”中的地位。综观历史变迁，芜湖的经济发展和城市兴盛均离不开青弋江这条“母亲河”的恩泽。这得天独厚的青弋江—长江黄金水道优势，不仅是润泽芜湖两岸的生命线，更是支撑芜湖经济发展的大动脉。

水阳江分汊河道袭公河于芜湖市东部顺边境而过。水阳江起于宁国县河沥溪。由芜湖县东门渡入境，流经裘公渡、杨四渡到芜湖县凉亭口汇入黄池河，芜湖县境全长 21.7 千米。芜湖县境内凉亭口至三里埂又称黄池河，全长 9 千米。黄池河在黄池镇西的三里埂北出一股为青山河。流经芜湖市青山河全长 14.1 千米，其中鸠江区段长 3.1 千米，开发区段长 11.8 千米。主要支流有郎川河、华阳河、夏渡河等。

漳河发源于南陵县绿岭荷花塘，自南向北流经狮子山、南陵县城、三汊河、峨桥等地、至澛港入长江。干流全长 118.8 千米，流域面积 1359 平方千米。主要支流有后港河、峨溪河、泊口河等。

黄浒河属长江的一级支流，全流域位于繁昌县的西南部，地跨繁昌、铜陵和南陵三县，流域总面积 584 平方千米，其中繁昌县境内面积 194 平方千米。黄浒河主河道自铜陵与繁昌交界处的新高坝流入繁昌县境内，自繁昌县的荻港镇汇入长江，流经孙村和荻港二镇，主河道在繁昌县境内长度 25.2 千米。

龙窝湖流域位于三山区境内，属于长江干流芜裕河段沿江圩区一条独立的通江水系，流域总面积 167.2 平方千米，其中山丘区面积 44.0 平方千米，圩区面积 105.6 平方千米，水面面积 17.6 平方千米。由龙窝湖及二条汊河组成，一条称横山河，河道长度 22.8 千米；另一条称为三山河，河道长度 13.0 千米。

裕溪河是长江下游左岸一级支流，流经无为县东北边界，是无为县与含山县界河，其下游流经无为县县域河段长约 45.5 千米。主要支流有西河、黄陈河等。西河是无为县境内的骨干河流，由上游庐江与无为县交界—榆树拐流入，流经无为县蜀山镇、泉塘镇、襄安镇、无为县城等主要城镇，于西河黄雒集镇处汇入裕溪河，境内河长 72.17 千米，流域面积 1746.07 平方千米。黄陈河起源于无为县境内的打鼓、青苔水库的源头，流经石涧、无城入裕溪河。

牛屯河是长江支流，流经芜湖市鸠江区沈巷镇 21.07 千米，其上端有铜城闸与裕溪河的汊道后河联通，其下端在江口处入长江。

竹丝河位于无为县西南部、长江北岸大别山余脉的三公山脚下，南与枫沙湖水系隔埂相连，北隔无为大堤丘陵段与西河流域相邻，东与枞阳江堤相隔，西为大别山余脉，是一条独立的山丘圩综合地形的闭合流域，流域面积 91.4 平方千米，湖泊总面积约 13.9 平方千米。

芜湖市目前拥有小型水库 106 座，总库容 6570.23 万立方米，分布在无为、南陵、繁昌三县。现有万亩以上灌区 42 处，总有效灌溉面积 132.16 万亩。

1.4　农业生产情况

由于独特的地理位置和气候条件，芜湖适于作物多熟高产，土地肥沃，农产品种类多质量好。栽培植物以水稻、小麦、油菜籽、棉花、蔬菜为主。南陵的奎湖糯稻，米质好，营养丰富，驰名于国内外；玉米、豆类（大豆、蚕豆、豌豆、绿豆）、薯类（山芋、马铃薯）、花生、芝麻、蓖麻、甘蔗、麻类（苎麻、大麻、黄麻、胡麻）、烟叶、苜蓿、茶、桑、果等在芜湖均有种植。“湾址山芋”是芜湖县的特产之一；南陵县的霸王鞭芝麻，秆壮果密，产量高；“南陵紫云英”（籽种）被农业部认证为国家“地理标志保护产品”。水生栽培的有芦苇、菱、藕、荸荠、芡实等。栽培的花卉有上百种。食用菌类有黑木耳、银耳、平菇、香菇、草菇、凤尾菇。野生药用植物种类很多，每年收购数量较大有丹皮、葛根、元胡、益母草、车前、夏枯草、明党参、桔梗、贝母、延胡、半边莲等。

芜湖市养殖资源也很丰富。芜湖市的主要河道、湖泊均属长江水系，既有洄游性、半洄游性鱼类，又有定居性鱼类，有 48 种，主要经济鱼类有青、草、鲢、鳙、鲤、鲫、鳊、鲂、鲶、鳜、鲥、刀鱼、黑鱼，以及蟹、虾、鳝、鳖等，其中鲥鱼、河蟹肉质细嫩肥美，驰名中外，远销国际市场。养殖畜禽以生猪居首位，依次是水牛、家禽、黄牛、羊、奶牛、兔等。南陵圩猪肉脂兼用，早熟易肥，肉质好；皖南花猪早熟繁殖率高，适应性强；南陵三黄鸡肉蛋兼用，肉细蛋大；芜湖县的雁鹅体大，耐粗饲。

2013 年芜湖市农林牧渔业总产值 229.33 亿元，占全市生产总值的 11%。粮食总产 132.71 万吨。油菜籽总产 12.34 万吨。棉花总产量 5.42 万吨，蔬菜总产量 135.39 万吨。生猪出栏 80.45 万头，家禽出栏 4806.43 万只，肉类总产量 15.29 万吨，蛋类总产量 6.31 万吨，奶类总产量 5385 吨。全市水产品总产量 16.25 万吨。农民人均纯收入 10962 元。

近 10 年，芜湖市粮食种植面积不断扩大。2011 年随着无为县区划调整后，2013 年芜湖市的粮食种植面积已达 19.87 万公顷，其中水稻种植面积 15.48 万公顷。粮食单产 481.0 千克，小麦总面积 2.70 万公顷，单产 294.9 千克，玉米种植面积 5803 公顷，单产 353.3 千克；大豆油料种植面积 4.98 万公顷，单产 176.7 千克。棉花种植面积 4.44 万公顷，单产 81.3 千克。蔬菜种植总面积 5.53 万公顷。其中国家级蔬菜标准园 3 个（芜湖县绿晟、紫华园和无为县建芳），省级蔬菜标准园 9 个。

近年来，芜湖市农业产业化经营程度逐年提升，2013 年，全市农村土地流转面积 84133.33 公顷，其中承包千亩以上种粮大户 44 户。全市规模企业实现农产品加工产值 478.9 亿元。全市拥有市级以上农业产业企业 269 家，其中：省级 55 家，国家级 3 家（南陵新东源、繁昌同福、芜湖金田）。规模企业达到 373 家，初步形成了粮棉油、果蔬、蜂产业、屠宰及肉类等 10 余个产业后续加工产业集群。棉花收购加工量约占全省份额的 50%左右，龟鳖养殖规模居全省首位；果蔬加工出口销售量占全省 50%份额。全市共有各类农村合作经济组织 1080 个，其中农民专业合作社 866 家。全市共有国家级示范合作社 1 家，省级示范合作社 6 家，市级先进示范合作社 20 家，围绕发展都市型现代农业，全市组建芜湖粮油产业协会、食品加工产业协会、果蔬加工产业协会、畜禽产业协会、农机协会等 12 大市级农业行业协会。全市主要农作物生产环节的农机化水平显著提高，机耕水平 98.40%，机播水平 14.73%、机收水平 50.49%。

目前，全市累计有 78 个农产品获无公害农产品认证、158 个农产品获绿色食品认证、42 个农产品获有机食品认证，丫山丹皮、陶辛青虾和紫云英"弋江籽"等 3 个农产品获地理标志认证，全市农产品认证工作居全省前列。全市有各类休闲旅游农业企业 219 家，年接待城乡游客 385 万余人次，解决农民就业 8650 余人，带动周边 7.4 万农民致富，休闲农业和乡村旅游已成为全市农民增收新的增长点。

第2章　芜湖气候概况

芜湖地处安徽省东南部，下辖一市四县，属于亚热带湿润季风气候区，四季分明，雨量充沛，气候资源丰富，“春暖”“夏炎”“秋爽”“冬寒”的特征明显。温度和降水的年际变化较大，分布不均，旱涝、高温、大风、霜冻等气象灾害时有发生。

2.1　芜湖气候特征

根据近三十年（1981—2010 年）气象资料统计，芜湖年平均气温在 16.0～16.7℃，南陵县平均气温最低，仅为 16.0℃；芜湖市区平均温度最高，为 16.7℃。极端最高气温在 39.5～41.4℃之间，极端最高气温出现在 2010 年芜湖县；极端最低气温范围为－14.0～－8.5℃，最低气温出现在 1991 年南陵县。

芜湖年平均降水量为 1211.0～1380.6 毫米，平均降水量的最大值位于南陵县，最小值位于芜湖市区。年降水量最大值范围为 1863.0～2301.9 毫米，最多降水量出现在 1983 年南陵县，高达 2301.9 毫米。年降水量最小值范围为 834.8～1017.9 毫米，年最少降水量出现在 1994 年芜湖县。年平均降水日数在 123～140 天，年平均降水日数最多的区域为南陵县，最少的区域为无为县，呈现从南到北依次递减的空间分布特征。年降水日数极大值范围为 146～161 天，最多降水日数出现在 1989 年南陵县；年降水日数极小值范围为 97～113 天，最小值出现在 1997 年芜湖县。

芜湖市梅雨明显，梅雨期的天气特点是：温度高、湿度大、日照少。以阴雨天气为主，降水强度大，是全年降水最集中的时段。平均入梅日为 6 月 15 日，出梅日在 7 月 10 日，梅雨期长达 25 天，梅雨量 291 毫米，梅雨量的多少常是夏季是否发生洪涝灾害的决定因素，梅雨量最多的年份为 1954 年，多达 959.6 毫米，造成洪水泛滥；最少是 1958 年、1977 年和 1978 年三年“空梅”年，致使旱情严重。

芜湖是雷暴多发区，雷暴不仅威胁人民的生命安危，而且随着城市现代化发展，电子设备的大量增加，雷击的危害会越来越严重。强雷暴的危害更大，因为它是一种激烈的对流性天气，常有大风、暴雨、冰雹和龙卷风等严重灾害性天气相伴发生。芜湖雷暴日数年平均值为 25.4～36.7 天，空间分布上差异较大，雷暴日数最小值出现在无为县，最大值出现在南陵县。雷暴日数最多的年份为 1987 年，位于南陵县，一年高达 62 天。雷暴日数最少的年份为 1999 年，出现在无为县，一年雷暴日数仅为 11

天，明显少于其他年份。

芜湖降雪日数年平均值为 9.4～10.8 天，最小平均值为无为县，最大值为芜湖县。适量的降雪对改善土壤墒情，对缓解旱情非常有利。下雪时，水由液态变成固态，这一过程将放出热量，有保温作用，有利于冬小麦越冬。降雪可送来洁净空气，是空气最好的"清新剂"，不仅可以清洗掉空气中的灰尘，更重要的是，可抑制甚至杀死细菌、真菌及一些微生物，减少病毒发病机会，还可冻死蚊子等害虫，对人体健康和农作物的生长有一定作用。芜湖市年降雪日数最大值范围为 19～23 天，年降雪日数最多为 23 天，出现在 1985 年芜湖市区和芜湖县。年降雪日数最少值仅为 1～3 天。

芜湖日照充足，光能资源丰富，年日照时数的平均值为 1770.8～1900.5 小时，最小平均值位于南陵县，最大平均值位于繁昌县。年最长日照时数为 2006.4～2201.4 小时，其中最长日照发生在 1983 年繁昌县，日照资源十分充足。年最短日照时数为 1480.8～1654.4 小时，最短日照出现在 1989 年无为县。

芜湖年蒸发量较大，平均值范围为 1183.2～1354.6 毫米，其中蒸发量最大的区域为芜湖县，最小的区域为南陵县，且南陵县年蒸发量明显少于其他区域，这也与当地丘陵地形密不可分。芜湖年蒸发量极大值为 1306.2～1727.5 毫米，极大值出现在 1994 年芜湖县。年蒸发量极小值为 891.8～1129.3 毫米，极小值出现在 2010 年芜湖县。

芜湖市风向有季节性变化，但受所处特定地理位置和周围地形等因素的影响，导致形成明显的地方性偏东风，全年风向特点是：最多风向是东风，次多的东北东风。受季风的影响，夏季偏南风增多，冬季偏北风增多。历年平均风速为 2 级风，春季风速最大，夏季风速和秋季风速次之，冬季最小。芜湖市常见的大风天气是强冷空气带来的偏北大风以及台风和雷暴大风。江湖水面的风力一般比陆地大 1 至 2 级，所以大风日数较陆地多。长江上因大风而翻船的事故时有发生。

2.2　芜湖市气候要素的季节变化

芜湖市四季分明，气象要素的季节变化十分显著。我们采用气象学上对季节的划分，即春季为 3、4、5 月，夏季为 6、7、8 月，秋季为 9、10、11 月，冬季为 12、1、2 月。春季是由冬转夏的过渡季节，北方冷空气和温带气旋活动频繁，风向多变，常有大幅度的温度变化，对流性天气也开始增多。夏季大陆热低压形成，增温明显，同时，西太平洋副热带高压达到鼎盛时期，芜湖盛行来自海洋的偏南气流，天气炎热、雨水充沛、光照丰富，光、热、水条件配合良好，有利于喜温作物的生长。秋季则是由夏转冬的过渡季节，东海洋面常有分裂的小高压盘踞，偏东风较多。冬季，在蒙古高压和阿留申低压的控制和影响下，常有来自北方的冷空气侵袭，天气寒冷，偏北风较多，冰冻雨雪天气较多。

2.2.1 气温

根据1981—2010年气温要素统计结果，春季芜湖平均温度在15.0～16.0℃之间，市县间差距较小，芜湖春季气温上升不稳定，日际变化大。极端最高温度可达到35.7～36.5℃，主要出现在5月份，春季极端最高温度36.5℃出现在2004年5月，位于繁昌县，基本可达到夏季的温度。而春季极端最低温度范围在－4.2～－3.0℃，最低温度也出现在繁昌县，发生在1988年。春季最低温度主要出现在3月，极端最低温度偏低可导致霜冻，对当地冬小麦、油菜和春播农作物生长产生不利影响。

由于芜湖地处长江中下游地区，梅雨期过后受副热带高压控制，往往有伏旱天气产生，气温明显偏高。夏季芜湖市平均气温集中在27.0～27.4℃，平均气温最高地区为芜湖市区，这与城市热岛效应有关，平均气温最低则出现在南陵县，这与其山区丘陵地形密不可分。夏季极端最高气温主要出现在7、8月份，且呈现明显不同的分布特征。极端最高气温主要范围为39.5～41.4℃，其中夏季极端最高气温出现在2010年芜湖县，高温达到41.4℃，高温热浪不仅温度高且持续时间长，使得大范围农作物受旱，炎热强度和持续时间对人体健康也产生不利影响。而芜湖夏季最低温度为13.0～13.6℃，市县间差距较小。

芜湖市秋季天气舒爽，气温适宜，秋季平均气温范围在17.0～17.8℃之间，比春季平均气温略高，与夏季分布类似，南陵县秋季平均温度最低，芜湖市区平均温度最高。虽然秋季副热带高压逐渐南压，但偶尔仍有北抬的特征，此时在副热带高压的控制下，晴朗少云、日射强烈，气温回升，出现典型的“秋老虎”天气，从而导致芜湖秋季极端最高气温仍可以达到夏季的水平。芜湖秋季极端最高温度为37.5～39.4℃，主要出现在9月，最高温度39.4℃出现在1995年芜湖县，“秋老虎”的威力可见一斑。而秋季最低气温为－5.2～－3.1℃，比春季最低温略低，最低值－5.2℃出现在2010年繁昌县。

芜湖冬季平均气温集中在4.3～4.8℃。类似地，芜湖市区冬季平均温度最高，而南陵县平均温度最低。芜湖冬季极端最高温度也较高，且一市四县的极端最高气温同时出现在2008年冬季，极端最高气温最高值为29.4℃，出现在南陵县，极端最高温度最低值为27.7℃，出现在无为县，这也与2008年冬季异常天气有关。受欧亚大陆西伯利亚高压南下的影响，冬季寒潮过程明显增多，降温幅度也十分明显，芜湖极端最低温度范围为－14.0～－8.5℃，极端最低气温－14.0℃出现在1991年南陵县，最高值－8.5℃出现在1991年芜湖市区，这也与年平均值区域特征相一致。

2.2.2 降水

芜湖为典型的亚热带季风气候，降水量适中，能够满足农作物生长发育的需要。降水量季节分配不均匀，夏季最多，春天次之，秋季再次，冬季最少。

春季受冷暖空气交汇的影响，芜湖市春季降水也较多，春季平均降水量可达 325.8～382.6 毫米，平均降水量最多地区为繁昌县，最少地区则位于芜湖市区，春季平均雨日在 36～41 天左右，平均雨日最多位于南陵县，最少位于芜湖市区。而春季最多降水量范围为 525.4～575.8 毫米，最多春季降水量出现在 2002 年无为县，降水量达 575.8 毫米，为明显的春涝，对当地的春耕产生不利影响。春季最多雨日基本在 49～56 天，最多雨日 56 天为 1991 年南陵县。春季最少降水量为 158.5～220.1 毫米，降水量最少同样出现在无为县，2001 年春季降水量仅为 158.5 毫米。春季最少雨日为 20～28 天，雨日最少地区仍位于无为县，春旱可影响春耕、农作物的栽种，也对作物生长收成不利。

夏季为芜湖主要降水季节，6—7 月的"梅雨"季节也是该地区的重要特征，梅雨是初夏季节经常出现的一段持续时间较长的阴沉多雨天气，主要分布于中国江淮流域经朝鲜半岛南端到日本南部等地，每年 6 月中下旬至 7 月上半月之间持续，受其影响，夏季的降水主要集中在该时段内。芜湖夏季平均降水量为 521.1～584.7 毫米，降水量最多地区为南陵县，这也与南陵县山区地形有关；夏季降水量最少地区为芜湖市区，仅为 521.1 毫米。夏季雨日也是最多的季节，平均雨日在 35～40 天之间，降水量极值往往集中在某些特定年份，其中 1991 年、1999 年为芜湖市夏季降水量最多的两年，1991 年为无为县、芜湖市夏季降水量最高值，分别达到 1111.4 毫米和 1009.9 毫米，其他三县的降水量也明显高于常年，这是由于 1991 年 6—7 月梅雨锋长期停滞在江淮和长江中下游地区，给当地带来长时间的降水，造成了严重的洪涝灾害。1999 年为芜湖县、繁昌县、南陵县夏季降水极大值年份，降水量分别高达 1276.2 毫米、1302.6 毫米、1307.8 毫米，1999 年梅雨非常具有代表性，强盛的西南季风和副热带高压为长江中下游地区提供了充沛的水汽，也造成了芜湖地区持续的暴雨，造成了严重的洪涝灾害。芜湖夏季最多雨日为 45～52 天，最多雨日出现在 1987 年南陵县。芜湖夏季降水量最少值范围为 181.5～268.1 毫米，最少值出现在 1994 年芜湖县，仅为 181.5 毫米，这是由于副热带高压提前加强、北跳，导致江淮梅雨期变短，随后的 8 月份也是降水偏少，1994 年夏季降水偏少为近 30 年之罕见。夏季最少雨日则为 24～30 天。夏季降水量的偏少导致伏旱，对人民生活和农作物的生长产生严重不利影响。由此可见，夏季虽然为降水量最多的季节，也是年际变化最大的季节，其降水量的变化很大程度上决定于梅雨期的环流形势。

芜湖秋季降水量较少，平均值基本在 200.4～235.3 毫米之间，秋季降水量最多仍然位于南陵县，而降水量最少则位于芜湖市，秋季平均雨日基本在 24～28 天。秋季降水量最大值极值为 582.5～629.5 毫米，秋季降水量最大值出现在 1983 年芜湖市区，可达到 629.5 毫米，秋季最多雨日为 40～45 天，最多雨日出现在 1985 年南陵县，秋季连绵的阴雨天气对秋收作物成熟及秋收秋种等农事活动影响较大，长时间的阴雨寡照对秋收作物的成熟收晒均会产生不良影响。因此，对农业而言，“秋季连阴雨”虽然没有台风、暴雨所造成的灾害来得那样猛烈，但它同样给农业生产和国民经济建设带来不小的损失。秋季降水量最少仅为 72.4～87.0 毫米，除无为县秋季最少降水量出现在 1998 年之外，其他一市三县均出现在 2001 年，秋季降水最少值出现在繁昌县，仅为 72.4 毫米，秋季最少雨日范围为 11～15 天。可以看出，秋季降水量年际差异也很大。

冬季为芜湖降水量最少的季节，主要是由于冬季西南季风活动较弱，无法为该地区提供充沛的水汽，而冷空气活动十分活跃，天气寒冷，空气干燥。芜湖冬季平均降水量为 155.2～181.4 毫米，冬季降水量最多位于南陵县，最少则位于无为县，整体相差不大。冬季雨日也明显偏少，平均值为 27～31 天。冬季最多降水量范围为 271.2～297.3 毫米，可以看出，冬季最多降水量差距也非常小，最大值 297.3 毫米仍出现在 2002 年南陵县。最多雨日差距也不大，基本在 37～44 天。冬季最少降水量范围为 45.3～66.0 毫米，降水量最小值出现在 1985 年芜湖市区，为 45.3 毫米，最少雨日数为 9～17 天，与降水量的分布也基本一致。可以看出，冬季降水量变化范围不大，这也与冬季冷暖空气交汇较少有关。综上分析可以发现，南陵县不仅年降水量最多，各季节平均值、季节降水量极大值也处于领先位置，而芜湖市区的降水量与四县相比则有所偏少。

2.2.3 雷暴

雷暴是伴有雷击和闪电的局地对流性天气，一般伴有阵雨，有时还会出现局部的大风、冰雹等强对流天气，强雷暴天气出现有时还带来灾害。芜湖市雷暴日主要出现在夏季，但春秋季节仍有雷暴的发生，故有必要对雷暴季节分布进行统计。芜湖市不同的区域，出现雷暴的机会是不同的。

市区、无为县、繁昌县年平均雷暴日数相对较少，分别为 26.0 天、25.4 天和 27.1 天，而芜湖县与南陵县年平均雷暴日则分别为 33.3 天和 36.7 天。

春季雷暴多伴有锋面降水，多发生在冷锋过境时，冷暖气团交汇，持续时间较长，天空状况持续不好，地面大多不见阳光。根据雷暴发生时间看，春季雷雨在上午、下午和夜间三个时段出现频率比较均匀，夜间略偏多。芜湖春季雷暴的活跃期起始于 3 月份，春季平均雷暴日为 7～9 天，雷暴日最多发生在南陵县，最少为芜湖市区，这也与春季降水的分布十分一致。春季最多雷暴日为 19～25 天，1987 年南陵县春季雷暴最多。而在某些年份，如 2006 年、2007 年，则基本无春雷发生。

夏季是雷暴高发季节，这是因为夏季温度高，对流运动更为旺盛。梅雨期过后的 7、8 月份里，由于受副热带高压短期变化的影响，对流活动最活跃。副高加强时，往往对流得到加强发展，不稳定条件增加，有利于雷暴发生；副高减弱东退时，一般芜湖市处于西南气流中，有利于上升运动和水汽的输送，往往带来雷暴天气，所以此时是雷暴活动的高峰期。研究表明，芜湖雷暴在 7—8 月发生频率最高，分别占全年的 30%和 26%，夏季雷暴平均日数为 16.1～24.2 天，并且在空间上呈现自北向南逐渐增加的趋势，南陵县夏季雷暴日最多，无为县最少。而一市四县夏季最多雷暴日数范围为 26～36 天，夏季最多雷暴日发生在 2006 年南陵县，高达 36 天，其他市县雷暴日数在 2006 年也呈现频发的特征，这表明 2006 年夏季对流活动十分旺盛。夏季雷暴日最少年份为 4～16 天，也呈现自北向南增加的趋势，最少年为 1999 年无为县，而该年却是芜湖地区强降水频发、造成严重洪涝灾害的年份，这也间接表明，1999 年持续性的强降水主要由稳定云层降水产生。故与春季雷暴不同，夏季降水量的多寡与雷暴日无明显的对应关系，夏季雷暴与对流活动的旺盛与否息息相关。夏季雷暴多呈现局地性，多发生在副高边缘和地面暖式切变线边缘，雷暴发生前天气状况较好，温度受天气状况变化影响，日变化较大。

秋季为芜湖地区雷暴较为少发的季节，平均雷暴日仅为 1.6～3.0 天，也呈现从北向南增加的趋势。秋季最多雷暴日数范围为 5～13 天，最多雷暴日发生在 1985 年南陵县。由于秋季冷暖空气的活动减弱，对流活动也减弱十分明显，很多年份秋季无雷暴的发生。

而在冬季，雷暴日数的减少更为明显，进入冬季后，由于受大陆冷气团控制，空气寒冷而干燥，加之太阳辐射弱，空气不易形成剧烈对流，因而很少发生雷阵雨。但有时冬季天气偏暖，暖湿空气势力较强，当北方偶有较强冷空气南下，暖湿空气被迫抬升，对流加剧，就会形成雷阵雨，出现雷暴的现象。但冬季雷暴日数平均仅为 0.2～0.3 天，这也表明冬季雷暴十分罕见。

2.2.4　降雪日数

芜湖降雪主要出现在冬季，另外在春季和秋季也时有发生，夏季无降雪天气。

春季降雪并不多，主要发生的寒潮过后，气温骤降，与来自南方的暖湿气流交汇，高空中温度较低，从而形成春季降雪，一般发生在 3 月份，大概有 63%的春季有降雪天气发生。春季降雪日数平均值为 0.9～1.3 天，呈现从北到南依次增多的趋势。春季最多降雪日发生在 1985 年的芜湖市和芜湖县，两地区都高达 6 次，说明该年份春季寒潮和暖湿空气活动十分活跃。

秋季降雪发生较少，主要由于秋季温度较高，大范围冷空气南下时最低温度也很少低于0℃，难以形成寒潮天气，即使有冷暖空气交汇，往往也容易形成降雨，降雪过程非常少。据统计，秋季芜湖平均降雪日数为0.2～0.3天，仅有13%～20%年份的秋季有降雪发生。秋季芜湖最多降雪日出现在2009年，一市四县都有2次降雪天气产生。此次异常提前降雪、大幅降温是当前全球气候变暖背景下发生的极端性事件。气候变暖导致低层空气明显变暖，大气不稳定性增加，极端天气气候事件发生的频率和强度都有所增强。

冬季是芜湖地区降雪天气的高发季节，大概85%～88%的降雪均出现在冬季。西伯利亚高压南下可带来的强劲的冷空气，使得对流层低层气温降低，伴随着南部海域及孟加拉湾水汽的输送，导致冷暖空气在长江中下游地区交汇，从而导致该地区降雪的产生。芜湖冬季平均降雪日为8.2～9.1日，平均降雪日最多的地区为繁昌县。冬季降雪最多日范围为19～21日，最多降雪年份为2007年，发生在繁昌县和南陵县，其他一市二县也在该年份降雪较多，降雪主要发生在2008年1、2月，为典型的降雪过程。这是由于2007年入冬以来，冷空气活动比较频繁，暖湿气流活跃，此外，副热带高压系统偏强，较历史同期的位置偏西偏北，有利于把暖湿气流向北输送，冷暖空气交汇于我国中东部地区，形成了持续性的降雪天气，也对芜湖地区交通运输、电力供应、农业生产和人民生活带来严重的影响。冬季降雪最少时，芜湖则仅有1～2次降雪发生。

2.2.5 日照

日照时数是指太阳每天在垂直于其光线的平面上的辐射强度超过或等于120瓦/米^{2}的时间长度，日照长短随纬度和季节而变化，并和云量、云的厚度以及地形有关。芜湖日照时数夏季最长，春季和秋季次之，冬季最短。

芜湖春季日照时数较短，平均值范围为444.6～478.2小时，日照最长的区域为繁昌县，最少为南陵县。春季日照时数最大值范围为558.6～598.7小时，最大值出现在2005年芜湖市区。日照时数最小值范围为292.8～363.4小时，最短日照时数出现在2002年南陵县。

夏季日照时数最长，平均值为536.7～591.4小时。夏季平均日照最长的区域为繁昌县，最短的为无为县。夏季日照时数的最大值范围为683.1～761.3小时，日照最长出现在1990年繁昌县，相应的该年份夏季降水量仅为399.9毫米，降水偏少则对应云系明显偏少，日照增强，日照时数也偏多，但日照时数不仅仅与降水日有关，还与阴天的多寡、仪器的感光敏感度有关。夏季日照时数最小值范围为393.7～433.8小时，夏季日照最短年份为1999年，出现在南陵县，该年份正好为洪涝年，导致日照明显偏少。

芜湖秋季日照时数平均值范围为432.4～464.9小时，与春季的空间分布类似，日照最长的区域为繁昌县,最短为南陵县。秋季日照时数最大值范围为535.4～583.8小时,最大值出现在1998年芜湖县。秋季日照时数最小值为301.1～348.8小时,最短日照时数出现在2000年南陵县。

冬季芜湖日照时数最短,平均值范围为340.1～366.4小时,且空间分布与春秋季相同,日照最长的区域为繁昌县,最短为南陵县。冬季日照时数最大值范围为438.7～493.7小时,最大值出现在1982年繁昌县。冬季日照时数最小值则为218.5～264.3小时,最短日照时数出现在2009年南陵县。

2.2.6　蒸发量

蒸发量是指在一定时段内,水分经蒸发而散布到空中的量。通常用蒸发掉的水层厚度的毫米数表示,水面或土壤的水分蒸发量,分别用不同的蒸发器测定。一般温度越高、湿度越小、风速越大、气压越低则蒸发量就越大;反之蒸发量就越小。水面蒸发量的测定,在农业生产和水文工作上非常重要。雨量稀少、地下水源及流入径流水量不多的地区,如果蒸发量很大,则易发生干旱。

芜湖蒸发量的季节变化与日照时数、降水量的变化类似。芜湖春季平均蒸发量为325.9～374.5毫米,平均蒸发量最小的区域为南陵县,最大为繁昌县。春季最大蒸发量出现在1986年芜湖县,最少出现在2007年南陵县。可以看出,降水偏多时,蒸发量也明显偏小。

夏季由于气温高、日照时间长、空气饱和差比较大,蒸发量也达到最大,据统计,芜湖夏季平均蒸发量范围为463.5～546.7毫米,比其他季节明显偏大。其中蒸发量最大的区域为芜湖县,最小为南陵县,这也与夏季降水量呈现相反的空间变化趋势。夏季蒸发量最大值为576.4～777.2毫米,蒸发量最大值出现在1994年芜湖县,高达777.2毫米,这也与这一年日照明显偏多、降水明显偏少密切相关。夏季蒸发量最少量范围为316.9～392.3毫米,最少量出现在2008年芜湖县。

秋季蒸发量比春、夏季明显偏少,平均蒸发量为253.9～312.3毫米,秋季平均蒸发量最多的区域为芜湖县,最少为南陵县,与其他季节的空间分布类似。蒸发量最大值范围为309.3～415.7毫米,最大值出现在2001年芜湖县。蒸发量最小值范围为190.3～232.1毫米,最小值出现在2010年芜湖县。

冬季虽然降水较少,但气温偏低,日照强度较弱,蒸发量也是最少的季节,平均蒸发量为120.6～151.6毫米,平均蒸发量最大为繁昌县,最小为南陵县。蒸发量的最大值范围是143.9～210.9毫米,最大值出现在1982年芜湖县,冬季蒸发量最小值范围为81.8～115.8毫米,最小值出现在2002年芜湖县。

2.3 芜湖市气候要素长期变化特征

气候变化不仅是气象要素平均值的变化，也表现为极端天气气候事件在时空分布和强度的变化上。有关研究表明，20 世纪 80 年代以后，全球变干、变暖的趋势十分明显。但各地区的区域气候变率在周期性、突变性、变化特征上往往呈现与全球变化的非同步性。因此，本文采用芜湖市 1981—2010 年气候要素的年平均值，对气温、降水量、雷暴日数、降雪日数、蒸发量、日照时数等进行气候特征的分析。

从芜湖市一市四县气温的变化趋势（图 2.1a）可以看出，芜湖市气温在近 30 年来呈现明显增暖趋势，并以 0.37～0.64℃/10 年的增速增长，其中增幅最大的区域为芜湖县，最小区域为南陵县，且市区的温度要明显高于周边县城。而在 2000 年之后，气温一直呈现明显的增长，特别是 2007 年，年平均气温均超过 17.0℃，这也表明芜湖市平均气温与全球变暖的步伐是一致的，并在近 10 年气温达到峰值。

与气温的变化不同，近 30 年来芜湖市年平均降水量（图 2.1b）呈现减少的趋势，在 2000 年之前，芜湖市降水量一直处于较多，如在 1983 年、1991 年、1999 年都是降水的极值年，主要是由于这些年份梅雨期降水强度很大，多暴雨天气，造成严重的洪涝灾害。但在 2000 年之后，年平均降水量逐年减少，仅在 2009 年呈现弱峰值。

芜湖年雷暴日数（图 2.1c）则呈现很明显的减少趋势，但与降水量的变化并不相同。芜湖年雷暴日数最多的一年为 1987 年，远高于其他年份，这是由于 1987 年春夏季对流活动十分旺盛导致；而在降水偏多的 20 世纪 90 年代，雷暴日数并不多，这也间接说明雷暴主要还是与对流运动的活跃程度密切相关。

随着芜湖市气候变暖的加剧，降雪日数（图 2.1d）也呈现逐年减少的趋势，减少幅度在 2.0～3.4 天/10 年左右，这也是由于近几十年冬季温度的升高，导致对流层中低层温度偏高，不利于降雪的发生。但降雪也存在年际变化，异常的大气环流导致 2008 年芜湖出现普降性大雪，平均降雪日数高达 18～22 天，为近 30 年的历史极值。这也间接说明，随着气候增暖，极端天气气候事件发生的概率也不断增加。

芜湖年累计蒸发量（图 2.1e）近 30 年来呈现微弱的增加趋势，这可能与气温升高、降水量减少相关。但值得注意的是，芜湖县变化特征明显不同，这是由于 2001 芜湖县蒸发观测仪器由小型蒸发仪改为大型蒸发仪，因此观测设备换型对气象要素影响十分显著。

日照的变化与许多因子有关，已有的研究表明，云量、降水量、大气透明度、水汽压、平均风速对日照时数变化都有很大的影响。芜湖年日照时数年际间变化幅度不大，近 30 年主要呈现减弱的趋势（图 2.1f），但递减幅度空间差异较大，减少幅度为 11.6～131.9 小时/10 年。

其中芜湖市区日照时数递减幅度最小，仅为 11.6 小时/10 年，繁昌县、南陵县递减幅度最大，高达 123.1～131.9 小时/10 年。

综合分析可以发现，芜湖市除了气温呈现明显的增加趋势，其他要素则呈现一致的减少特征，这也与长江中下游地区气候要素的变化特征基本一致。

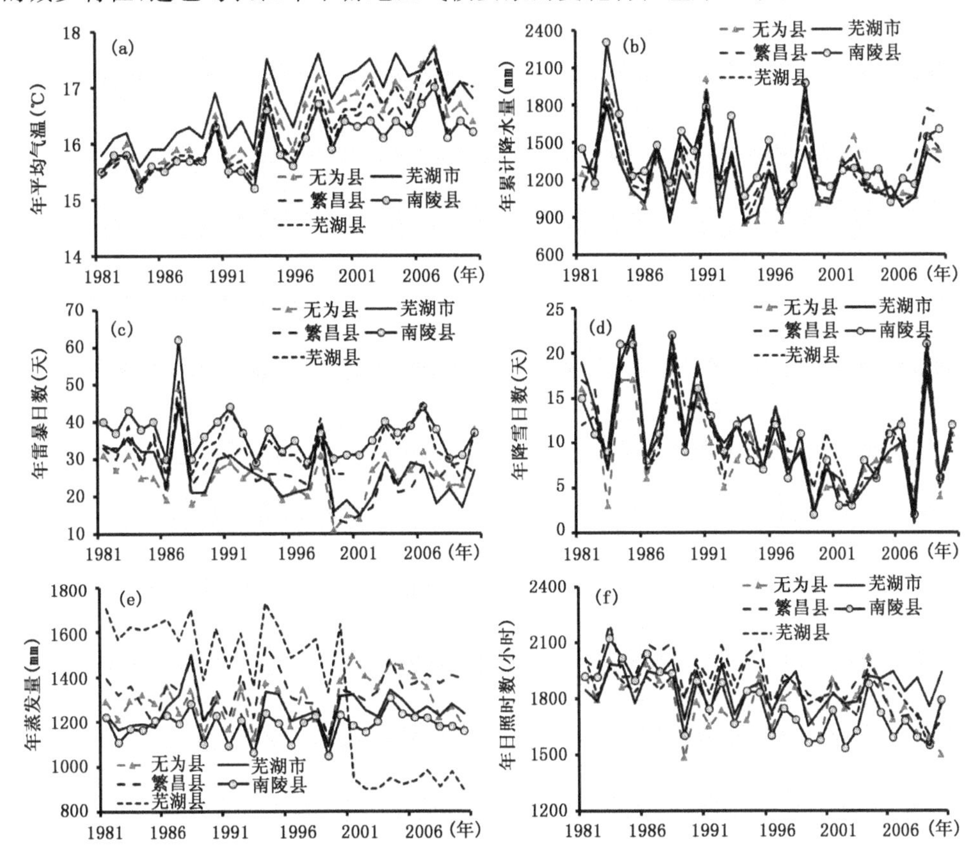

图 2.1　1981—2010 年芜湖市一市四县年平均气温(a)、年累计降水量(b)、年雷暴日数(c)、年降雪日数(d)、年蒸发量(e)、年日照时数(f)的时间序列

气候既是一种环境因素，又是一种自然资源。可影响农业生产的多方面。首先，气候环境的变化与生物体的生长发育的要求相一致时，生物体生长良好；气候环境的变化超过了生物体所能忍受的极限时，生物体的生长受到阻碍。第二，气候作为资源，为生物体直接和间接的提供所需要的能量。第三，气候条件中的光、热、水、气等不同组合，对农业生产的影响不同。第四，气候条件和其他自然条件相互联系相互制约，通过气候条件影响其他自然条件进而影响农业，继而反馈于气候条件，从而进一步影响农业生产。

第3章 芜湖气候资源

近年来，随着社会经济的快速发展，城市规模的不断扩大，人口膨胀、资源紧缺、环境恶化等一系列问题日趋严重，越来越多的国家和地区重视对于新资源的开拓和资源的可持续利用性。气候资源作为自然资源的重要组成部分之一，在人类生产过程中扮演着举足轻重的角色。那么，何谓气候资源？《辞海》中的解释："有利于人类经济活动的气候条件。例如，自然界的热量、光照、水分、风能等。"《气象学词典》中的定义为："能为人类合理利用的气候条件，如光能、热量、水分、风能等，可以发掘出其直接利用的一面，这就是气候资源"。农业百科全书《农业气象卷》："气候资源是有利于人类经济活动的气候条件，是自然资源的组成部分，它包括农业气候资源和气候能源，在时间和空间上都具有不均匀性，一种资源要素不能被另一种资源要素替代"。从农业生产的角度，温度、湿度等气候要素只影响农业生产，而不直接参与生产过程。比如温度，既不属于物质，也不是一种能量，只是物质运动状态的一个表征量。因此，从严格意义上讲，温度以及由此引申的积温、生长期等都不能称之为气候资源。而太阳辐射能、二氧化碳、氧和水分等，不仅影响农业生产，而且直接参与农业生产过程，属于真正的气候资源。气候资源作为物质形态进入生产过程，主要是通过农作物进行光合作用制造碳水化合物来实现的；而以能量形式进入则需要通过特定的能量转换手段。总之，气候资源是在一定的经济技术条件下能为人类生活和生产提供可利用的光、热、水、风、空气成分等物质和能量的总称。气候资源是可再生资源，是生产力。而这种资源的形成，是由太阳辐射、人类活动以及大气环流等因素长期相互作用的结果。

芜湖的气候资源非常丰富，光、温、水等气候资源极具开发潜力。雨热同期（降水和气温随季节同步变化）的气候特性为农业生产提供了良好的条件。

3.1 光能资源

3.1.1 光能资源概述

光能是地面接收到的太阳辐射量。虽然，光能并非只来源于太阳光，也可由其他光源提供，但地球上几乎所有的光能资源都源自于太阳光辐射。太阳辐射作为一种天然的、洁净的能源，是地球上一切物理过程的能源和动力；维持地球上一切生命的基础；地球上大气环流、天气和气候形成的根源。同时，太阳辐射也是作物进行光合作用制造有机物质的能量来源。它直接影响作物生长发育和产量的形成，是作物产量形成的基础，光能资源的利用程度已成为衡量农业现代化水平的重要标志。因此，太阳辐射能的变化制约着地方的气候、农业等方面，对人类生存环境必将产生重大影响。

光能资源受日地距离、太阳高度、日照时间、地球自转以及地轴与公转轨道的倾角等因素影响，呈现出因地域而不同，随时间而变化的特点。就地域分布而言，到达地表的全球年总辐射的分布基本上呈带状。在赤道地区，由于多云，年辐射总量并不是最高。在南北半球的副热带高压带，特别是在大陆荒漠地区，年辐射总量较大，最大值在非洲东北部。我国年光能资源的分布，主要取决于云量和所处地理纬度。在我国同纬度带中，一般西部地区接收到的总辐射量要大于东部地区，西部地区的光能资源较之东部地区更为丰富。就时间变化而言，总辐射的日变化一般表现为，一天中在正午前后太阳总辐射最强，日出、日落时最小，但是地面总辐射日变化曲线并不对称于正午时刻，这主要是因为上午和下午大气透明度和云量不同所引起的。总辐射的年变化一般表现为，夏季最大，冬季最小，但由于各地的地理条件以及环流因素的影响，使得各个时期大气中的含水量和透明度有所不同，在一定程度上影响地面总辐射的年变化。冬季总辐射最小值一般出现在12月或1月。夏季总辐射最大值出现时间各地不一；华南地区出现在7月，长江流域在梅雨后、华北地区在雨季前、东北地区则在5月出现。西部地区总辐射最大值出现时间随纬度增高而推迟。

衡量一个地区光能资源的指标主要有太阳总辐射、直接辐射、散射辐射、日照时数、日照百分率以及光合有效辐射、光热生产潜力等。

3.1.2　芜湖光能资源特征及变化

全国年平均总辐射量在80～240千卡/厘米^{2}之间，各地区按光能资源的贫富程度可分为四类，即光能资源丰富区（太阳辐射总量大于150千卡/厘米^2）、资源较丰富区（辐射总量在130～150千卡/厘米^{2}之间）、资源可利用区（辐射总量在110～130千卡/厘米^{2}之间）、资源欠缺区（辐射总量小于110千卡/厘米^2）。其中芜湖市历年（1981—2010年）平均总辐射量在115～123千卡/厘米^2，在全国年太阳辐射总量分布区划中，属于第三类资源可利用区。芜湖一市四县中，繁昌县年平均总辐射量相对最大，无为县相对最小，各地区总体差异不明显。全年各月总辐射量出现2次峰值，分别在5月和7—8月。最大峰值出现在7—8月，芜湖一市四县7—8月两月总辐射量约占年总辐射量的20%～22%之间，其中繁昌县峰值最高，无为县峰值最低；其次在5月，月总辐射量占年总辐射量的9.6%～10.2%之间，其中繁昌县峰值最高，南陵县峰值最低。

芜湖一市四县历年平均日照百分率在40%～43%之间。日照百分率是指实际日照时间与可能日照时间(全天无云时应有的日照时数)之比。它表明了气候条件(主要是云、雨、雾、尘、沙等)减少了多少日照时间。日照百分率最高值在8月,在46%～51%之间,其中繁昌县最高,无为县最低;最低值在1月,在33%～36%之间,其中繁昌县最高,南陵县最低(图3.1)。

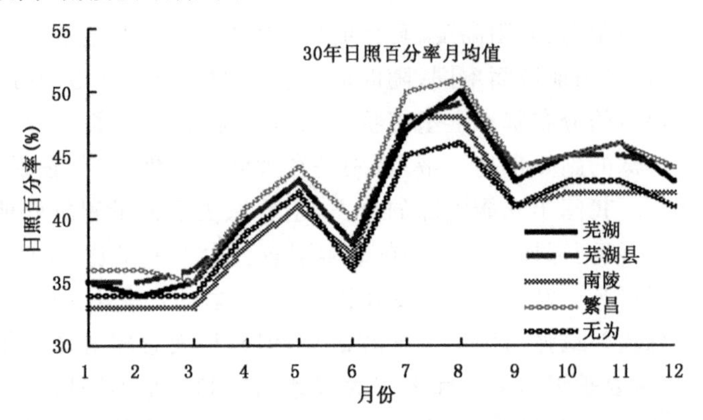

图3.1 芜湖历年日照百分率月际变化

一般来说,太阳辐射量越大,光照充足,光合作用强,总体会对农业生产产生有利的影响。然而,对实际农业生产来说,农作物各生长阶段并非光照越强越好。在作物生长弱期,过强的光照条件可能会引发光抑制以及光灼伤等危害。芜湖地区多数农作物苗期在春季,生长旺期在夏季,收获期在秋季。而一市四县年光能资源的分布以夏季为最多,春秋季次之,冬季为最少,光能资源的充盈期恰出现在农作物集中生长季,可以完全满足作物生长需要。

另外,从年际变化来看,芜湖一市四县整体的光能资源呈现略微减少的趋势。如图所示,芜湖一市四县的年平均日照时数均呈现减少趋势(图3.2)。其中南陵县和繁昌县的减少程度最大,趋势系数分别为−13.2小时/年和−12.3小时/年(即每年减少13.2小时和12.3小时);无为县和芜湖县次之,趋势系数分别为−6.7小时/年和−6.6小时/年;芜湖市最小,趋势系数为−1.2小时/年。另外,芜湖四县各季节日照时数均呈现减少趋势。30年中日照时数减少趋势最大的是夏季,其中南陵县和繁昌县夏季日照时数的减少程度最大,趋势系数分别为−5.5小时/年和−4.9小时/年;芜湖县和无为县次之,趋势系数分别为−3.9小时/年和−3.6小时/年。芜湖市各季节日照时数变化趋势不一致,夏季呈现减少趋势,趋势系数为−1.5小时/年,其余季节变化不明显。

日照时数的变化与许多因素有关,其中大气透明度是影响日照的重要因素之一。

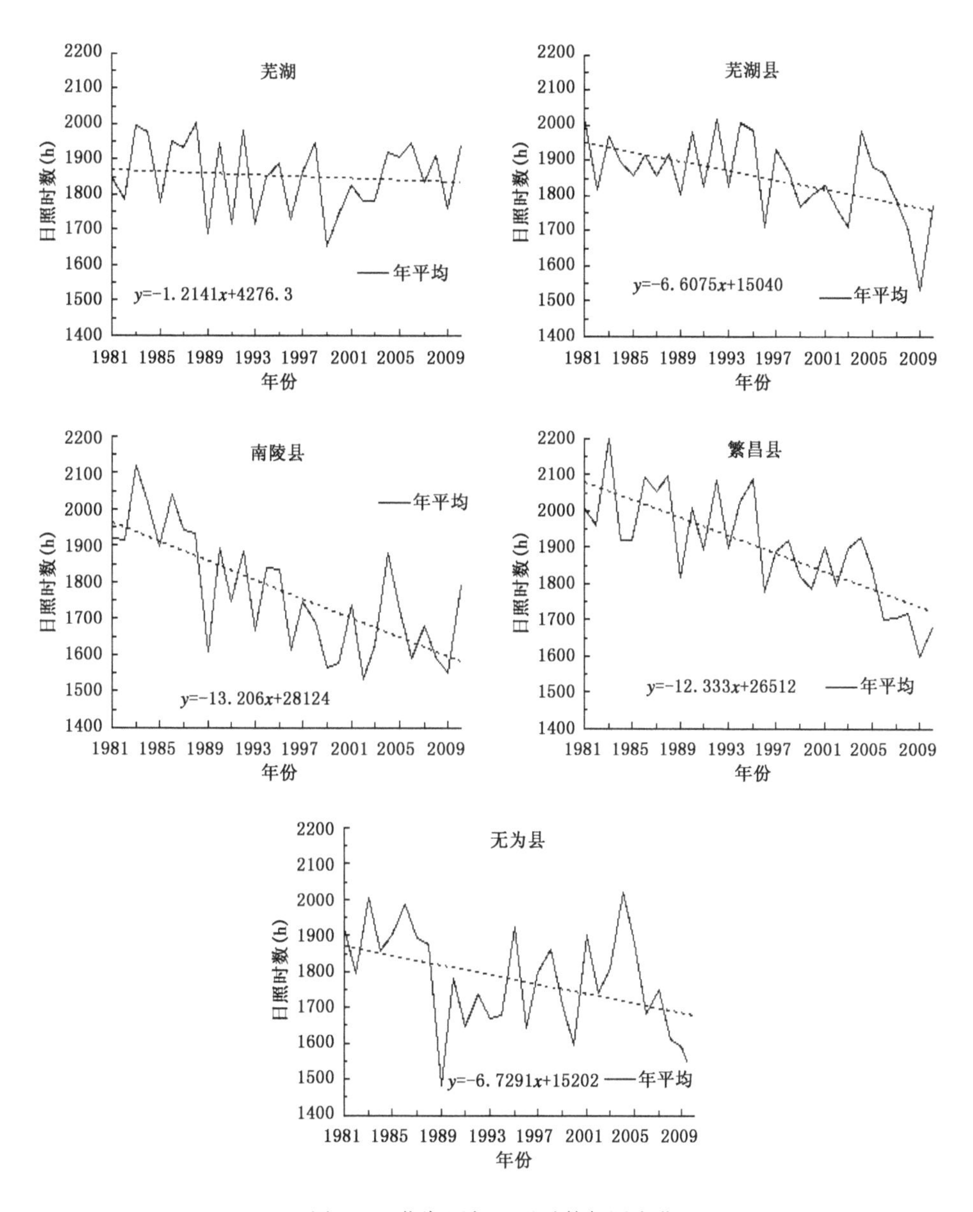

图 3.2　芜湖历年日照时数年际变化

在气象观测要素中，水汽压、总(低)云量、能见度与之相关。通过分析芜湖一市四县30年水汽压、总(低)云量、能见度趋势变化表明(表3.1)，芜湖一市四县30年水汽压整体呈现增加趋势，能见度整体呈现减少趋势，总(低)云量整体变化趋势不明显。利用差异方差 $P(t)$ 值检验日照时数趋势系数与水汽压、总(低)云量、能见度间趋势系数的差异性(当 $P(t)$ 大于 0.05 时，两者的差异不显著)，结果显示日照时数趋势系数与总(低)云量的 $P(t)$ 值小于 0.05，表明日照时数的减少与总(低)云量的变化关系不密切；而日照时数趋势系数与水汽压、能见度的 $P(t)$ 值都大于 0.05，表明日照时数的减少与水汽压增加、能见度下降存在一定关系。能见度是反映大气透明度的一个指标，能见度的下降说明了大气透明程度的降低。这可能是由于近年来城市化的高速发展使大气光化学烟雾、气溶胶颗粒物、碳氢化合物等空气污染物明显增多，减少了水平能见度，增加了对太阳辐射的吸收和散射，使日照时数减少，从而减少了到达地面的光能资源。另外，从芜湖一市四县日照时数和能见度趋势系数的比较，也间接反映了芜湖四县相比芜湖市区空气污染物增加趋势更为明显。

表 3.1 芜湖一市四县 30 年水汽压、总(低)云量、能见度趋势系数

趋势系数	水汽压(hPa/年)	总云量(成/年)	低云量(成/年)	能见度(千米/年)
芜湖市	0.017	−0.03	−0.06	−0.12
芜湖县	0.023	0.01	0.06	−0.30
南陵县	0.017	0.00	0.04	−0.39
繁昌县	0.000	−0.02	−0.07	−0.41
无为县	0.012	0.01	−0.04	−0.28

3.2 热量资源

3.2.1 热量资源概述

热量资源是重要的气候资源之一，通常用温度的高低、积温的多少和界限温度及无霜期长短等来衡量某地区热量资源的多少。它的季节变化与空间分布直接影响一个地区的生态环境、植被分布、农作物种类以及农业种植方式、作物品种熟型和作物生育，足够的热量资源是保证农作物进行正常生理活动的必要环境条件，热量资源的年际变化也是引起农产品产量变化和农业气象灾害发生的重要因素。另外，热量资源变化多少也会对工农业生产的布局等产生直接的影响。

热量主要来自太阳辐射，通过湍流运动和分子传导引起空气温度和土壤温度的变化。由于地球自转和下垫面性质的差异，致使热量通量随时间和地理条件而发生变化。因此，热量的分布和变化与地面增温以及地理条件有关。热量资源的表示方法可分为 3 类：用时间长度来表示热量资源；用温度强度表示热量资源；用热量的累积程度来表示热量资源，通常用无霜期、农业界限温度、平均温度、极端温度和积温等表示。其中，无霜期是指终霜次日至初霜前一日之间的时期。无霜期与地面最低温度和空气最低温度≥0℃初、终期有密切关系。无霜期长短可以作为衡量热量资源的时间尺度。无霜期越长，表明可供植物生长的热量资源越丰富。农业界限温度，是指对农业生产有指示、临界意义的温度。平均温度和极端温度，可以反映当地热量资源的丰富程度。积温是植物在生长发育阶段内逐日平均气温的总和，是热量的累积程度。

3.2.2　芜湖热量资源特征及变化

3.2.2.1　平均气温

如表 3.2 所示，芜湖一市四县历年(1981—2010 年)年平均气温在 16.0～16.7℃之间，年平均最高气温在 20.7～21.0℃之间，年平均最高气温在 12.3～13.4℃之间。其中市区年平均气温较高，比四县高 0.3～0.7℃。各季节中以夏季平均气温最高，在 26.9～27.5℃之间；秋季在 17.0～18.1℃之间；春季在 15.7～16.1℃之间；冬季最低，在 4.4～5.1℃之间(表 3.3)。市区各季节平均气温均较高，比四县高 0.2～1.1℃。全年各月平均气温峰值出现 7 月，芜湖一市四县 7 月平均气温在 28.3～28.9℃之间；7 月平均最高气温在 32.5～32.9℃之间。全年各月平均气温最低值出现 1 月，平均气温在 3.0～3.6℃之间；1 月平均最低气温在－0.2～0.8℃之间。市区各月平均气温均较高，比四县高 0.2～1.2℃。可见，受城市热岛效应增温的影响，市区热量资源较四县更为丰富。

表 3.2　芜湖一市四县 30 年年平均气温、年平均最高气温、年平均最低气温

气温	平均气温(℃)	平均最高气温(℃)	平均最低气温(℃)
芜湖市	16.7	21.0	13.4
芜湖县	16.3	20.9	12.8
南陵县	16.0	20.9	12.4
繁昌县	16.1	21.0	12.3
无为县	16.4	20.7	12.9

表 3.3　芜湖一市四县 30 年各季节平均气温

平均气温(℃)	春季	夏季	秋季	冬季
芜湖市	16.1	27.5	18.1	5.1
芜湖县	15.7	27.0	17.6	4.8
南陵县	15.7	26.9	17.0	4.4
繁昌县	15.7	26.9	17.2	4.5
无为县	15.9	27.2	17.6	4.8

从年际变化来看,芜湖一市四县的年平均气温均呈现增加趋势(图 3.3)。其中,芜湖县的增加程度相对较大,趋势系数为 0.064℃/年(即平均温度每年增加 0.064℃);市区和无为县次之,趋势系数均为 0.056℃/年;繁昌县和南陵县相对较小,趋势系数分别为 0.045℃/年和 0.037℃/年。芜湖一市四县 30 年气温年较差的平均值在 25.1～25.3℃,且均呈现略微上升趋势(表 3.4),上升趋势不明显。芜湖一市四县各季节平均气温均呈现增加趋势(表 3.4)。其中,春季增温最为显著,平均每年增温 0.051～0.073℃;其次为冬季,平均每年增温为 0.047～0.070℃;夏季和秋季

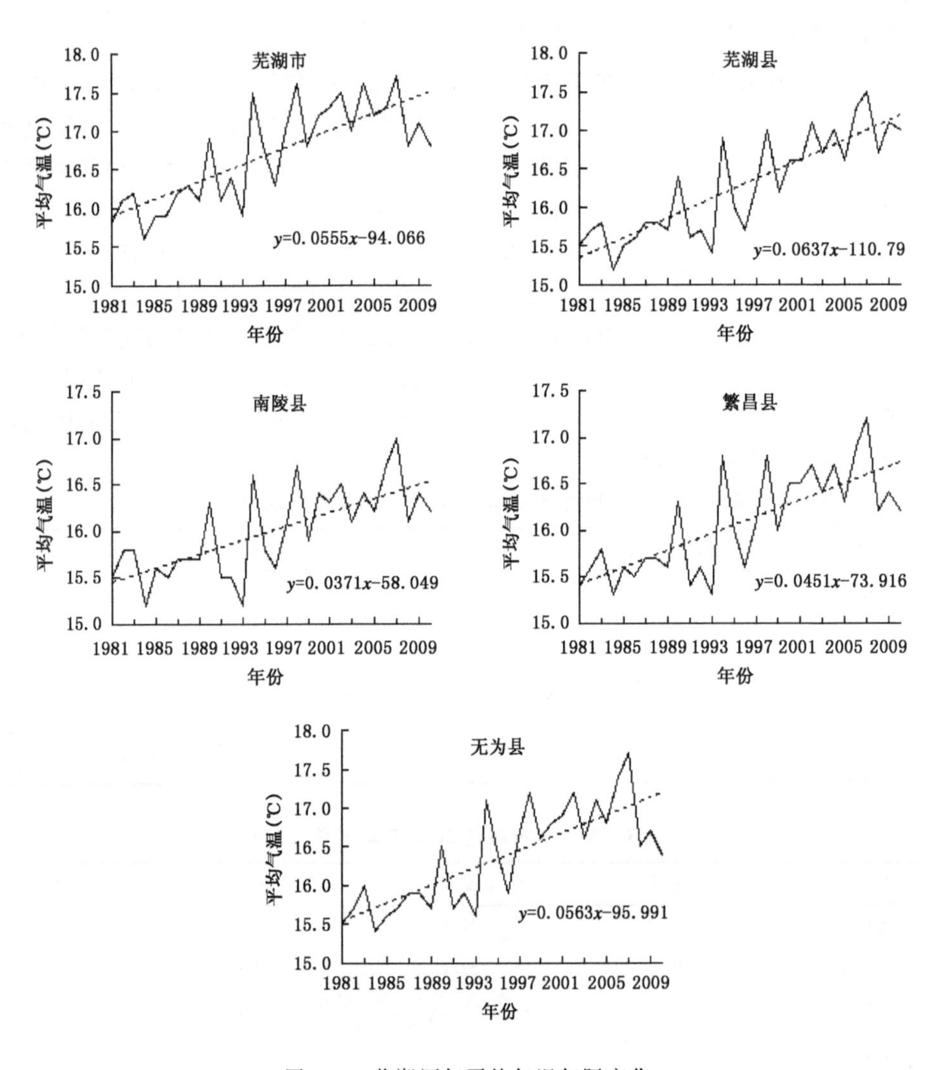

图 3.3　芜湖历年平均气温年际变化

增温趋势相对较低，秋季略高于夏季，平均每年增温 0.028～0.062℃，夏季平均每年增温 0.026～0.051℃。可见芜湖地区呈现持续变暖趋势，且冬春二季的升温趋势高于夏秋二季。芜湖城市化的发展，人为热源的增加，使得芜湖地区的温度呈现出变暖势头，这与全国乃至全球范围气候变暖的大背景是相一致的。

表 3.4　芜湖一市四县 30 年各季节平均气温和平均气温年较差趋势系数

趋势系数(℃/年)	春季	夏季	秋季	冬季	年较差
芜湖市	0.063	0.041	0.055	0.058	0.025
芜湖县	0.073	0.051	0.062	0.070	0.025
南陵县	0.051	0.026	0.028	0.047	0.014
繁昌县	0.053	0.035	0.042	0.051	0.022
无为县	0.071	0.048	0.048	0.058	0.026

3.2.2.2　积温

积温是表示某地或某时段温度特点的常用指标之一，积温值的大小可表征该地区或该时段内热量资源的多少。日平均气温 5 日滑动平均稳定通过(简称“稳定通过”，下同)0℃的时期通常被称为适宜农耕期，期间的积温大小与作物生长发育、产量和品质等密切相关。同时，活动积温也是各地区种植制度划分的重要条件。

全国各地区按气温稳定通过 0℃的积温划分热量资源贫富程度，可分为 5 类，即热量资源丰富区(积温大于 8000℃ · d)、资源较丰富区(积温在 4500～8000℃ · d 之间)、资源可利用区(积温在 3400～4500℃ · d 之间)、较欠缺区(积温在 1600～3400℃ · d 之间)，以及严重欠缺区(积温小于 1600℃ · d)。其中芜湖市年气温稳定通过 0℃积温在 5855.8～6114.2℃ · d，在全国热量资源分布区划中，属于第二类资源较丰富区。

一市四县中，气温稳定通过 0℃的积温平均值以市区最高，为 6114.2℃ · d，芜湖县为 5950.4℃ · d，南陵县为 5855.8℃ · d，繁昌县为 5876.5℃ · d，无为县为 5982.9℃ · d。从趋势上看(图 3.4)，一市四县积温均有明显的增加趋势，平均每年增加 13.1～23.9℃ · d。其中，芜湖县增加趋势相对更明显，平均每年增加 23.9℃ · d；市区和无为县次之，平均每年均增加 21.2℃ · d；繁昌县和南陵县相对较弱，平均每年分别增加 16.7℃ · d 和 13.1℃ · d，这与一市四县平均气温增长趋势的强弱情况相一致。

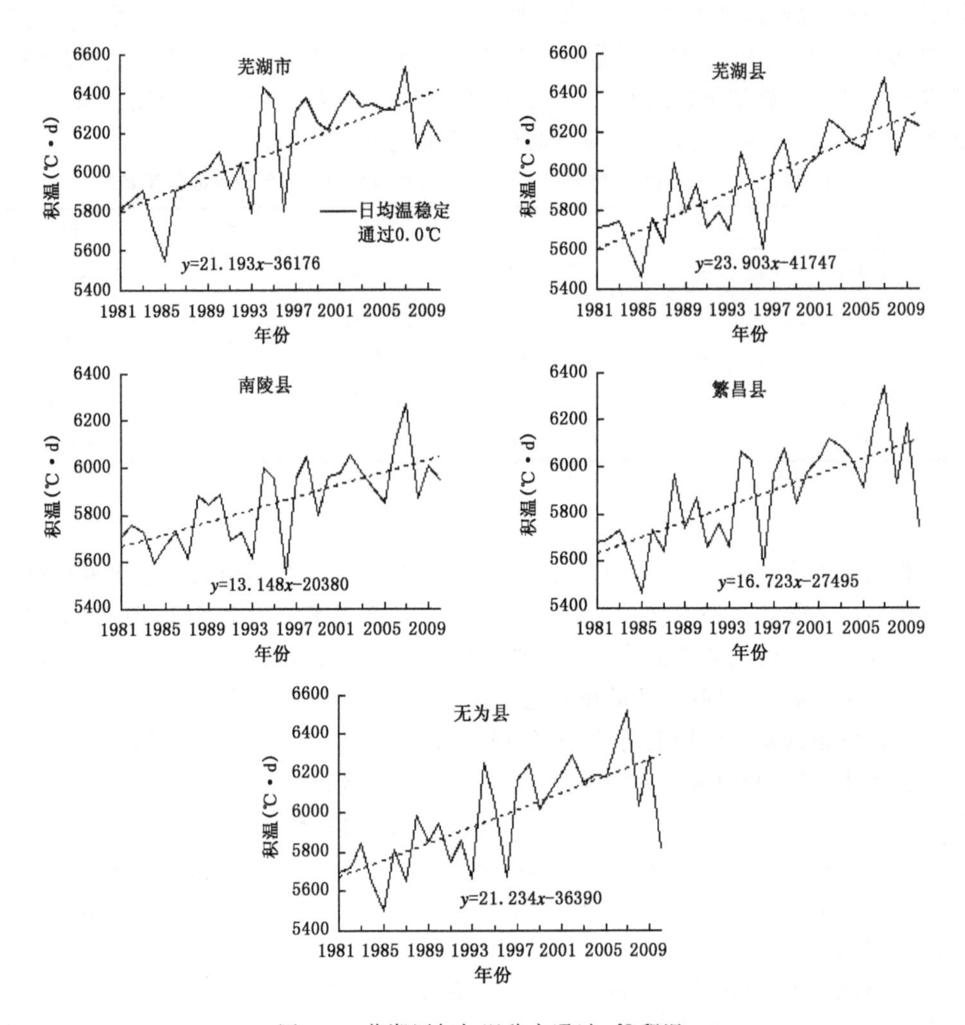

图 3.4　芜湖历年气温稳定通过 0℃积温

日平均气温稳定通过 10℃是水稻、棉花等喜温作物的生长及三麦等夏熟作物积极生长期，也是大多数乔木发芽、枯萎的界限温度，积温的多少会影响到作物干物质的积累和产量的形成。一市四县中，气温稳定通过 10℃积温平均值以市区最高，为 5347.8℃·d，芜湖县为 5200.5℃·d，南陵县为 5106.9℃·d，繁昌县为 5125.4℃·d，无为县为 5237.1℃·d。从趋势上看(图 3.5)，积温有明显的增加趋势，平均每年增加 10.8～19.7℃·d。其中，芜湖县增加程度相对更大，平均每年增加 19.7℃·d；市区和无为县次之，平均每年分别增加 16.8℃·d 和 17.3℃·d；繁昌县和南陵县相对较弱，平均每年分别增加 14.6℃·d 和 10.8℃·d，这与气温稳定通过 0℃的积温平均增长趋势相一致。可见,市区虽然热量资源较四县更为丰富,但热量资源的增温趋势程度并非最大,在 30 年中芜湖县增温速率最大,热量资源潜力相对更高。

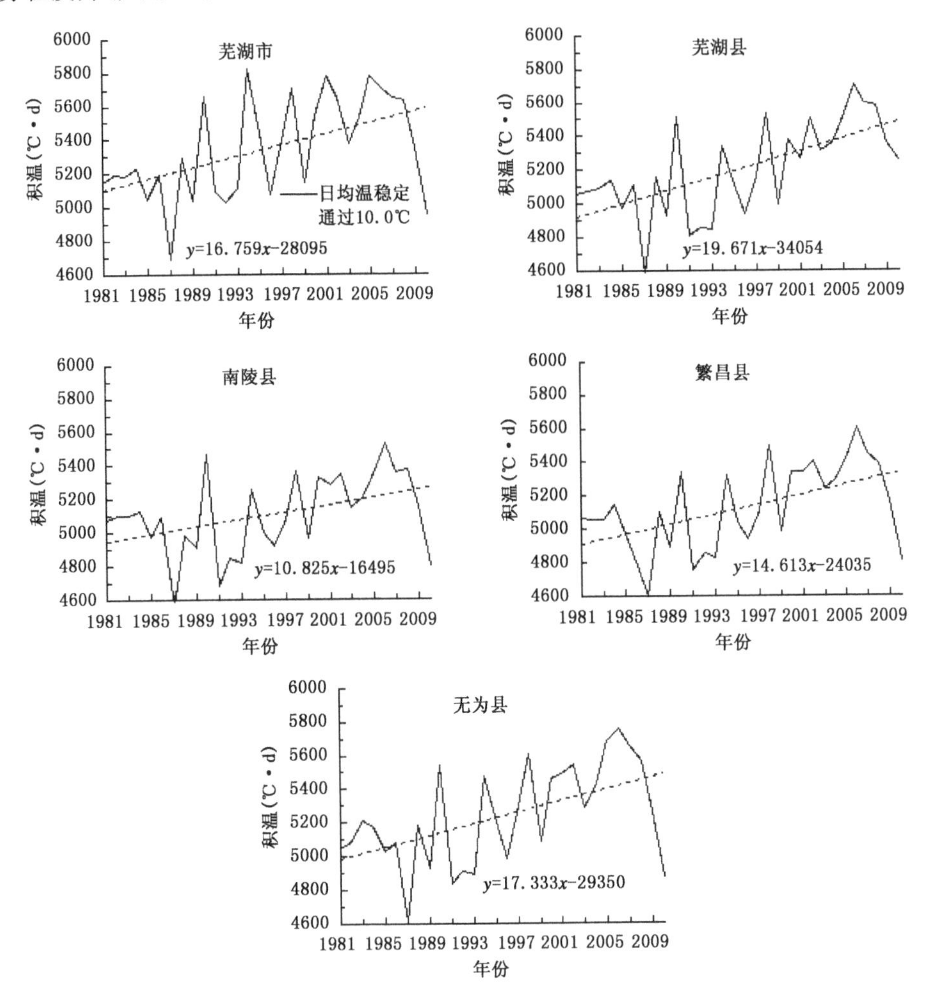

图 3.5　芜湖历年气温稳定通过 10℃积温

3.2.2.3　无霜期

无霜期是评价热量资源的一个重要指标,用来表示一个地区喜温作物可以生长的时间,因而表示了该地区热量资源的丰富程度。在作物生长季内,当地面温度降到 0℃以下时,大多数喜温作物会受到霜冻危害。农业上通常把地面最低温度稳定大于 0℃初、终日期间的天数称为无霜冻期。但无霜冻期与气象学上无霜期存在一定差异。无霜期是根据地面出现白霜的终、初日期确定的,但白霜的出现并不完全取决于温度。因此，如果无霜期的判断单靠地面最低温度稳定大于 0℃初、终日期间的天数，是不准确的。因此，必须结合气象观测的实际天气现象进行判断。

芜湖一市四县 30 年无霜期平均为 233.7～254.7 天。其中无为县相对最长(254.7 天)，南陵县相对最短(233.7 天)，市区无霜期平均为 251.7 天，繁昌县为 243.2 天，芜湖县 242.1 天。从趋势上看(图 3.6)，市区和无为县无霜期变化趋势较为明显，无霜期基本呈现增长趋势，每年平均增长 1.4 天和 1.0 天。芜湖县、南陵和繁昌县的变化趋势不明显。可见，相对其他三县，无为县的热量资源也较为丰富。

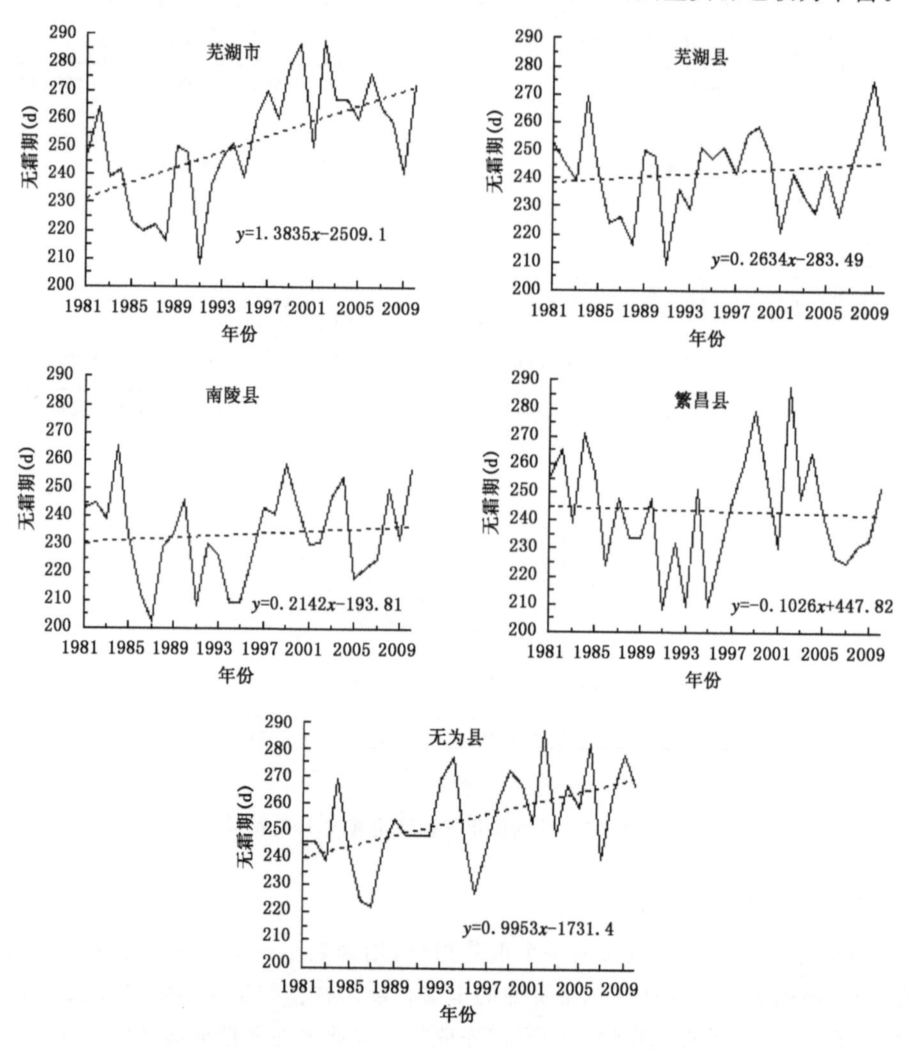

图 3.6 芜湖历年无霜期

整体来看,芜湖热量资源丰富,能满足各种作物生长发育的需要。同时20世纪80年代以来热量条件趋好,有利于喜温作物和果树等生长发育和产量提高。

3.3 水分资源

3.3.1 水分资源概述

气候资源中的各个资源要素并不是孤立的,水分资源和热量资源往往既相互联系又相互影响,且互为因果。水分是农业生产的基本条件之一,是重要的农业气候资源。在农作物的生长发育和产量的形成过程中,水分资源往往制约光热资源的利用。水分资源的来源,主要包括大气降水、地表水、土壤水和地下水等。其中,大气降水是水分资源的主要来源,是农业水分资源的主要组成部分,也是其他三项的主要来源。地球上水分资源的循环再生和时空分布有其内在的特定的规律。蒸发—凝结—降水—再蒸发,循环往复,称为水分循环。海陆之间的水分交换过程,称为大循环。局部的水分循环称为小循环。

评价水分资源的指标主要有降水量、蒸发量等。我国降水资源分布特点是地域分布上很不均匀,一年四季变化较大,长年累月周期性强。我国陆面降水总量偏少,平均年降水量大约为648毫米。南方高于、北方低于全球和亚洲陆面平均降水量,形成了多雨、湿润、半湿润、半干旱和干旱地带。在降水空间分布上,我国年降水量东多西少、南多北少,从东南沿海向西北内陆迅速递减,等雨量线大体呈东北—西南走向。我国年降水量最大的地区是江南平原和东南沿海地区;年降水量最小的地区在西北沙漠。在降水时间变化上,降水量受季风进退的影响,季节分配很不均匀。就全国而言,冬季风控制下为干季;夏季风的鼎盛时期为湿季,全国雨季起止时间不一。

3.3.2 芜湖水分资源特征及变化

3.3.2.1 地表、地下水资源

芜湖地表水资源非常丰富,境内河湖众多。境内有长江、青弋江、漳河、西河、裕溪河、牛屯河、永安河、花渡河、扁担河、裘公河、荆山河、黄浒河、赵家河、青山河等河流,以及龙窝湖、奎湖、黄塘湖、南塘湖、黑沙湖、石板湖、西冲湖、池湖、浦西湖、竹丝湖、蜻蜓湖、银湖、凤鸣湖、镜湖等湖泊。全市水面面积434.8平方千米,占市域总面积的7.2%。芜湖全市水资源总量33.16亿立方米,其中地表水资源量31.01亿立方米,地下水资源量7.87亿立方米;单位土地面积拥有水资源55.38万立方米/平方千米,人均水资源927立方米,平均径流深518毫米;另外,长江大通站过境水量1万亿立方米。

3.3.2.2　降水资源

芜湖降水资源同样非常充沛，一市四县30年年平均降水量在1211.0～1380.6毫米(芜湖总面积约6000平方千米，年降水量体积超过70亿立方米)，远大于全国平均年降水量。其中南陵县最多，市区最少，分布情况与一市四县热量资源的相对大小分布正好相反。各季节中以夏季降水量最为充沛，在521.0～584.8毫米之间；其次为春季，在325.9～382.6毫米之间；秋季和冬季相对较少，分别在200.5～235.3毫米之间和156.2～182.8毫米(表3.5)。各季节中夏季热量资源和降水资源均最丰富，也充分体现了芜湖地区雨热同期的气候特点。

南陵县各季节降水量均相对较多，除了春季略少于繁昌县，其余季节均最多；市区各季节降水量均相对较少，除了冬季略大于无为县，其余季节均最少。全年各月平均降水量峰值出现在6月，芜湖一市四县6月平均降水量在209.9～242.2毫米之间；其次为7月，在169.2～193.9毫米之间。全年各月平均降水量最低值出现在12月，在35.1～40.7毫米之间；其次为1月，在55.6～68.8毫米之间。

表3.5　芜湖一市四县30年各季节降水量(毫米)

	春季	夏季	秋季	冬季
芜湖市	325.9	521.0	200.5	163.8
芜湖县	354.5	529.4	216.5	167.6
南陵县	381.2	584.8	235.3	182.8
繁昌县	382.6	551.0	230.4	179.1
无为县	336.9	547.5	201.2	156.2

从年趋势变化来看，芜湖一市四县30年年平均降水量年际间上下波动，整体呈略微下降趋势，但趋势不明显(图3.7)。从季节变化来看，芜湖一市四县各季节平均降水量年际变化趋势亦不明显。为了进一步分析降水年际变化，可计算年降水量相对变化率p来进一步说明。

$$p=[(r-R)/R]\times 100\%$$

式中r为当年降水量，R为年平均降水量。其中，$p\geqslant 0$为水分盈余年份，$\leqslant 0$为水分亏损年份，同时取$p\geqslant 20\%$为丰水年，$\leqslant -20\%$为干旱年。可以看出(表3.6)，30年中一市四县出现丰水年4～6次，约相当于5～7年出现一次强降水年；出现干旱年3～5次，约相当于6～10年出现一次较严重干旱年。同时丰水年的降水相对变化率p值较大，干旱年p值较小。然而30年中水分盈余的年份数为12～14年；水分亏损的年份数为16～18年。因此可见，一市四县30年年出现干旱的年份相对偏多，但发生干旱的程度相对较低；出现涝的年份相对偏少，但发生涝的程度相对较高。同时，30年中出现极旱或极涝的年份均在1981—1999年之间，可见一市四县21世纪后出现极旱或极涝的相对程度有所降低。

除了降水量之外，降水日数的多少也同样能反映某地区的降水资源情况。芜湖一市四县 30 年平均降水日数在 123.1～140.5 天之间，其中南陵县最多(140.5 天)，无为县最少(123.1 天)，市区为 127.1 天，芜湖县为 131.4 天，南陵县为 140.5 天。从年际变化趋势来看，一市四县降水日数均呈现略微下降趋势，平均每年下降－0.6～－0.4 天之间。整体下降趋势不明显，降水资源较为丰富。

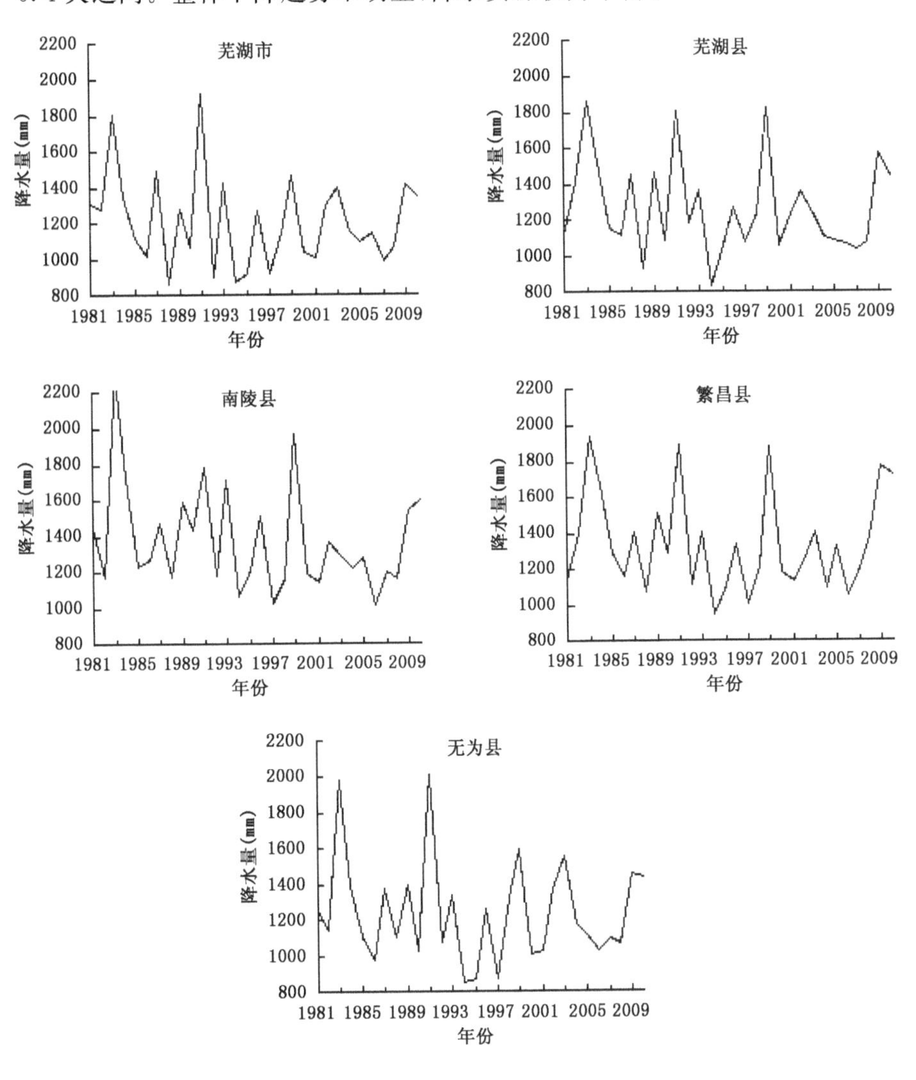

图 3.7　芜湖历年平均降水量

表 3.6　芜湖一市四县 30 年丰水和干旱对比表

项目	芜湖市		芜湖县		南陵县		繁昌县		无为县	
	丰水	干旱	丰水	干旱	丰水	干旱	丰水	干旱	丰水	干旱
年数	4	5	4	3	5	3	6	4	4	5
百分率	13.3%	16.6%	13.3%	10.0%	16.6%	10.0%	20%	13.3%	13.3%	16.6%
极值	59%	−29%	47%	−34%	66%	−26%	45%	−30%	61%	−32%
年份	1991	1988	1983	1994	1983	1997	1983	1994	1991	1994
盈余年数	14		12		12		13		13	
亏损年数	16		18		18		17		17	

另外，从蒸发量来看，芜湖一市四县历年 30 年平均蒸发量在 1183.2～1354.6 毫米之间，年平均蒸发量整体略小于年降水量(1211.0～1380.6 毫米)，水分收支整体较为平衡，差异不大。其中夏季蒸发量最多，其次为春季，秋季和冬季相对较少，与降水量年内分布一致。

可以看出，芜湖水资源整体丰富，且降水主要集中在春夏二季，从降水总量来看，能满足作物、果树等生长发育的需要。但存在降水年际变化大、年内分配不均、干湿季分明的特点，也常导致暴雨洪涝或干旱灾害的发生，会给农业生产造成一定损失。

第4章 芜湖主要农业气象灾害

农业气象灾害是农业生产过程中对生物造成危害和经济损失的不利天气或气候条件的总称。气象灾害对农业生产构成巨大威胁。不仅如此，农业气象灾害还会间接诱发病虫害，如旱害招致蝗害、春雨过多引起小麦赤霉病流行等。农业气象灾害与灾害性天气不尽相同，前者与农业生产对象紧密联系；后者虽可能危及许多国民经济部门，但有些灾害性天气对农业生产却往往既有害，也有利，例如台风的狂风暴雨对农业生产有害，但在某些地区伏旱期间，台风带来的大量降水能减轻甚至解除旱象。农业气象灾害因地因时对不同作物有不同影响，如几天无雨，对水稻可形成旱象，对玉米则可能无害，而对芝麻却可能有利。

我国地处东亚季风区，是一个季风气候特点明显的国家。季风气候有利有弊，有利的方面在于：气候类型多样，气候资源丰富，世界上绝大多数动植物类型都能在我国生存繁衍，从而为大农业的发展提供了宝贵的种质资源；不利的方面是：季风气候的不稳定性使我国成为世界上的“气候脆弱区”，也是农业气象灾害严重多发地区。据统计，我国每年因各种气象灾害造成的农田受灾面积达3400万hm^2，造成的经济损失约占GDP的3%～6%。由于气象灾害的频繁发生以及抗御气象灾害能力和技术的低下，使得我国农业生产始终处于不稳定状态，年际变化很大。安徽省是气象灾害多发省份之一。芜湖虽然是安徽省气候条件、农业发展区位优势较好的地区，但由于地跨长江两岸，水网丰富，河流复杂。年际间气候变化大，受季风气候以及近年来人口剧增、环境恶化、气候变暖等问题综合影响，芜湖地区的农业气象灾害具有发生频率高、突发性强、多灾并发、干旱、旱涝灾害为主导且交替出现等特点。高温热害、连阴雨、大风等重大农业气象灾害几乎年年都有发生。为了较为直观和通俗地表述芜湖农业气象灾害特征，本文将以春、夏、秋、冬四季分别加以概况和总结。有些灾害如高温热害、倒春寒等发生的季节性非常明显。但大部分的气象灾害都具有普遍性、交替性、突发性和持续性的特点。有些季节多发有些季节相对少发，只是发生频率、强度和危害有所不同，最为明显的是干旱和连阴雨。跨季节性的灾害，如伏秋连旱、春夏连涝也时有发生。

4.1 春季主要农业气象灾害

春季(3—5 月)作为一年之始,万象更新,生机勃勃。包括:立春、雨水、惊蛰、春分、清明、谷雨六个节气。由于春季冷暖空气势力相当,而且都很活跃,所以春天也是气温乍暖还寒和冷暖骤变的时期。芜湖春季主要的气象灾害有:春季连阴雨、倒春寒、晚霜冻和春旱。

4.1.1 春季连阴雨

春季连阴雨是指春季发生的连阴雨。连阴雨指在作物生长季中出现连续阴雨 3～5 天或以上的天气过程。日照少,空气湿度大,并常与低温相伴,影响作物的正常生长或收获。连阴雨是由气温、日照、降水等几种气象要素异常共同引起的。连阴雨天气的日降水量可以是小雨、中雨,也可以是大雨或暴雨。不同地区对连阴雨有不同的定义,一般要求雨量达到一定值才称为连阴雨。安徽省气候中心划分安徽省春秋季连阴雨的标准为:

(1)连续 4 天或以上的降雨为一次连阴雨,日雨量≥0.1 毫米。

(2)6～10 天的连阴雨允许一天无雨。

(3)11 天以上的长连阴雨允许各不相邻的两天无雨,连续两天或以上无雨视作连阴雨中断。

近 30 年来(1981—2010 年,下同)芜湖地区出现春季连阴雨的频率为 70%。1981 年到 1990 年期间除了 1981 年和 1984 年以外,其他年份都有春季连阴雨出现。并且多个年份是一年 2～3 次。1991 年到 2000 年期间除 1995 年和 2000 年以外,其他 8 年都出现了春季连阴雨。进入 2000 年后春季连阴雨的出现概率有所下降,只在 2002 年、2003 年、2006 年、2008 年以及 2010 年 5 年中出现。从出现时间上来说:芜湖地区三月的连阴雨最多,其次是四月。一般五月出现连阴雨的概率较小。芜湖地区约为 10 年两遇。

芜湖地区的春季连阴雨以 4～6 天为主,8 天及以上的重度连阴雨仅在 1990 年、1992 年、1993 年、1998 年和 2002 年出现。连阴雨的危害程度因持续的时间、气温的高低、前期雨水的多少以及农作物的种类、生育期等的不同而异。有时因阴雨时间较长,累积雨量大而造成地面积水、耕作层长期水分过多,会使农作物根系腐烂形成渍害。但更多的往往会因长时间缺少光照、植株体内光合作用削弱,加之土壤和空气长时间潮湿,造成作物生理机能失调、感染病害,导致生长发育不良。芜湖春季正值早稻育秧、棉花等作物播种,冬小麦和油菜产量形成的关键阶段,连阴雨会导致水稻烂秧、棉花烂种,油菜、冬小麦渍害以及花生等喜温作物也常常出现烂种死苗。

4.1.2 倒春寒

倒春寒是指在春季升温后本应继续回暖时节(3月下旬到4月下旬)反而出现比常年温度明显偏低而对作物造成冷害的天气现象。冷寒又叫低温冷寒，是指农作物在生育期间，遭受低于其生长发育所需的环境温度，引起农作物生育期延迟，或使其生殖器官的生理机能受到损害，导致农业减产的一种灾害。倒春寒是芜湖春季早稻播种育秧期的主要灾害性天气，它所带来的低温连阴雨是造成早稻烂种烂秧的主要原因。

根据地域、作物种类、品种的不同，倒春寒的指标也有所不同。安徽省气象局用两种指标来定义倒春寒。一是阴雨型指标：≥3天，平均日照<2小时，日平均<12℃并伴有降水；允许有一天日照为2～4小时，伴有降水，最低气温≤8℃；或连着两天日照为2～4小时，且这两天降水均≥10毫米。二是低温型指标：≥3天，日平均气温小于10.0℃(其中有一天日照<2小时并伴有降水，最低气温可降至5～6℃以下，甚至出现霜冻)。芜湖地区发生倒春寒的频率总体较高，但整体有减缓的趋势。1980—1990年期间几乎为一年一遇，危害较重的年份是1987年；1991—2000年期间达10年7遇，危害较重的年份是1994年和1996年；进入2000年后发生频率大幅下降，仅在2002年、2004年和2008年出现。

芜湖地区出现倒春寒的时间段多为三月下旬。倒春寒出现的时间越晚，危害也就越大。这是因为，早春农作物播种都是分期分批进行的，一次低温阴雨过程仅危害和影响一部分春播春种作物，且早春低温阴雨多数是在春播作物的萌芽期、大多数果树还未进入开花授粉期，其对外界环境条件适应能力亦较强。而一旦过了“春分”尤其是清明节之后，气温明显上升，春播春种已全面铺开，各类作物生机勃勃，秧苗进入断乳期，多数果树陆续进入开花授花期，抗御低温阴雨能力大为减弱，若这时出现倒春寒天气，就面临大面积烂秧、死苗和果树开花坐果率低之灾，其他春种作物生长发育也受到严重影响。

4.1.3 晚霜冻

发生在春季的霜冻称为晚霜冻，又称春霜冻。霜冻和霜是不同的概念。霜是空气中的水汽(也就是气态的水)在温度很低时发生凝华生成的一种白色的冰晶。而霜冻是指在植物生长季节内，由于冷空气的入侵，使土壤表面、植物表面以及近地面空气层的温度骤降到0℃以下，引起植物细胞间结冰而使植物遭到伤害或死亡的一种短时间低温灾害。根据中央气象台的预报标准采用地表最低温度≤0℃作为霜冻发生的气象指标。一般将伴有霜的霜冻称为白霜，反之称为黑霜。由于黑霜无凝华出现未放出潜热，所以对植物造成的危害更为严重。

从气候平均值计算，芜湖地区晚霜冻基本都发生在 3 月 17 日前。从历史数据来看，自 20 世纪 80 年代开始芜湖地区的晚霜冻的风险有所降低。但晚霜冻在 3 月下旬甚至 4 月上旬仍然时有发生。偏晚的年份有 1987 年、2010 年和 1994 年，特别晚的年份出现在 1991 年和 2001 年。

春霜冻发生时正值作物生长关键期，小麦拔节、油菜开花、早春烟出苗、春茶抽芽、果树从萌芽、现蕾到开花坐果，抗寒力越来越弱。因此春霜冻的危害普遍大于秋霜冻，尤其是进入坐果期的果树，即使遇到短暂的霜冻，也会给幼嫩组织带来致死的伤害。

4.1.4 春旱

农业干旱是指在农作物生长发育过程中，因降水不足、土壤含水量过低和作物得不到适时适量的灌溉，致使供水不能满足农作物的正常需水，而造成农作物减产。农业干旱根据成因可以分为土壤干旱、大气干旱和生理干旱三种。其中以土壤干旱发生的频率最高，对作物的危害最大。根据发生的季节有春旱、夏旱、秋旱和冬旱。也有不少时候发生季节相连的大旱。农业干旱成因复杂，影响因子多样，因此，农业干旱有多种衡量指标。安徽省在业务上常用的农业气象指标主要有：降水距平百分率和土壤相对湿度。降水距平百分率是指某时段的降水量与常年同期降水量之比，用百分率表示。土壤相对湿度是指土壤重量含水率与田间持水量之比的百分率。

表 4.1 单站降水量距平百分率划分的干旱等级

等级	类型	降水量距平百分率 Pa(%)		
		月尺度	季尺度	年尺度
1	无旱	$-50<Pa$	$-25<Pa$	$-15<Pa$
2	轻旱	$-70<Pa\leqslant-50$	$-50<Pa\leqslant-25$	$-30<Pa\leqslant-10$
3	中旱	$-85<Pa\leqslant-70$	$-70<Pa\leqslant-50$	$-40<Pa\leqslant-30$
4	重旱	$-95<Pa\leqslant-85$	$-80<Pa\leqslant-70$	$-45<Pa\leqslant-40$
5	特旱	$Pa\leqslant-95$	$Pa\leqslant-80$	$Pa\leqslant-45$

根据降水距平百分率指标，近 30 年来，芜湖地区发生春旱的频率大约为每 3 年一遇。其中 1988 年、1997 年、2005 年以及 2007 年出现了轻旱；1982 年、1984 年、1996 年出现了中旱；2006 年和 2009 年出现了重旱；2001 年和 2008 年出现了特旱。重旱和特旱出现的频率分别达到了 7%。

春季正是越冬作物如冬小麦从开始返青到乳熟期，玉米、棉花等从播种到成苗期，都要求充足的水。春旱会导致多种作物不能及时播种，普遍形成晚播晚发。有效积温相对减少，生长发育后延，成熟期推迟，普遍变成晚茬作物。同时长期的干旱会造成农作物植株小、根系弱、叶片面积小,生物产量大幅度减少,直接影响经济产量。

4.2 夏季主要农业气象灾害

芜湖的夏季(6—8 月)是一年当中气温最高的时期,同时也是一年中天气变化最剧烈、最复杂的时期,有立夏、小满、芒种、夏至、小暑、大暑六个节气。通常每年六月中旬到七月上旬前后会出现一段持续较长的阴沉多雨天气。此时,器物易霉,故亦称“霉雨”,简称“霉”;又值江南梅子黄熟之时,故亦称“梅雨”或“黄梅雨”。受梅雨气候特征的影响,芜湖的夏季常是大雨和暴雨的集中期。另外,各种农业气象灾害多发,例如干热风、高温热害、大风、洪涝等也都多发生于此时。

4.2.1 干热风

干热风,又称“火风”“热风”“干风”,是一种高温、低湿并伴有一定风力的农业灾害性天气。根据干热风出现时的天气特征,可将干热风害分为“高温低湿”和“雨后清枯”两种类型。芜湖地区的干热风以高温低湿为主。根据气象行业标准《小麦干热风灾害等级》将干热风划定为两个等级。

表 4.2 小麦干热风灾害等级 P

类型	日最高气温(℃)	14 时相对湿度(%)	14 时风速(m/s)
重干热风	≥35	≤25	≥3
轻干热风	≥32	≤30	≥2

近 30 年,芜湖地区重干热风出现频率较少。仅在 1986 年出现过一次。而轻干热风发生频率在 40%左右并且呈现明显的上升趋势。80 年代仅在 1981 年出现、90 年代共出现了 3 次分别在:1994 年、1997 年和 1999 年。进入 20 世纪后出现频率激增:2000 年、2003 年、2005 年、2008 年、2009 年以及 2010 年都有轻度的干热风出现。干热风出现的时间集中在 5 月上旬到 6 月上旬期间。干热风主要危害小麦,同时也会使水稻、棉花受到损害。它使植株蒸腾加剧,体内水分平衡失调,叶片光合作用降低;高温又使植株体内物质输送受到破坏及原生蛋白质分解。

4.2.2 高温热害

高温热害简称高温害,是高温对植物(生物)生长发育和产量形成所造成的损害,一般是由于高温超过植物(生物)生长发育上限温度造成的。高温热害通常采用日最高气温≥35℃作为指标。并且根据其持续时间的长短分为三个等级:3 到 5 天的为轻度、6~7 天的为中度、大于等于 8 天的为重度。

芜湖是高温热害的多发区。根据芜湖地区近 30 年观测资料显示:芜湖地区的年高温热害出现频率为 87%～97%。年平均日最高气温≥35℃的天数在 16.5～22 天。其中重度高温热害发生频率在 40%～50%;中度和轻度的发生频率均在 17%～30%。高温热害最严重的年份是 2003 年,日最高气温≥35℃高温的最长连续天数达到了 20 天。芜湖地区的高温热害分布在 5—9 月,主要集中在 7—8 月两个月。受全球变暖和城市化进程的影响,芜湖的高温热害呈现出加剧的趋势。从年代际变化看 20 世纪 80 年代的高温热害在 16 天左右,90 年代为 22 天左右,进入 21 世纪后为 25 天左右。

芜湖地区的高温热害对水稻、蔬菜和水产的危害最大。高温不仅会影响水稻花粉发育、颖花育性等同时也会影响到籽粒灌浆和淀粉合成等生理生化过程,导致明显的减产甚至绝收。高温会引起茄果类、豆类蔬菜落花,降低坐果率,导致发育不良,影响品质和产量。同时会造成鱼塘、蟹池等水位下降、水质恶化,造成缺氧泛池。有研究表明当水温超过 30℃,幼蟹极易死亡;成蟹在水温高于 38℃时不能正常活动,40℃时易死亡。35℃是对虾养殖的临界高温,当水温达到 35℃以上时,对虾也易死亡。

4.2.3 大风害

大风是指风力大到足以危害农业生产及其他经济建设的风。我国气象部门以瞬时风力达到或超过 17.2 米/秒(或目测估计风力达到或超过 8 级)作为发布大风的标准。在农作物的旺盛生长季节,4～5 级的风就能给农作物带来危害,6 级以上的大风对农业生产、塑料大棚、猪圈鸡舍等有一定的影响。

达到气象标准的大风芜湖出现较少,年平均在 1～2 次左右,出现最多的年份是 2005 年,一年达到了 5 次。但 6 级以上(≥10.8 米/秒)的大风几乎每月都会出现。芜湖冬季和春季的大风基本都是伴随着冷空气的爆发,经常出现的是大范围的寒潮大风,以偏北风为主,气温低,持续时间较长。夏季和秋季,大范围的大风主要是由热带气旋和台风造成的。夏季由于大气层结的不稳定是短时强对流天气的多发季。因此,夏季局地小范围的大风发生频率最多。

大风对农业生产可造成直接和间接危害,直接危害主要是强风可造成农作物和林木折枝损叶、拔根、倒伏、落粒、落花、落果和授粉不良等机械损伤同时也影响农事活动和破坏农业生产设施。在作物生理方面,风能加速植物的蒸腾作用,特别在干热条件下,使其耗水过多,根系吸水不足,可以导致农作物灌浆不足,瘪粒严重甚至枯死;林木也可造成枯顶或枯萎等现象。冬季的大风能加重作物的冻害。大风的间接危害是指传播病虫害和扩散污染物等。高空风是黏虫、稻飞虱、稻纵卷叶螟、飞蝗等害虫长距离迁飞的气象条件。

4.2.4　洪涝

洪涝是指由于短时间内出现大量降水，形成巨大的地面径流，引起山洪暴发或河流泛滥，使低洼农田积水，作物被淹后正常生理机能遭受破坏的现象。洪涝也叫水涝。一般说来，日降水量≥200 毫米，或者 2～3 天降水量≥300 毫米，不论其他条件如何，都会出现洪涝。强降水持续时间愈长，覆盖范围愈大，洪涝就愈严重。

芜湖的洪涝灾害主要发生在汛期，梅雨期最为频繁。春、秋季也会出现内涝，一般称为涝渍或渍。芜湖地区春秋季发生大涝的可能性很小。一年中夏涝最易发生，特别是大涝和特大涝。芜湖夏涝的时间一般发生在 6 月中旬到 7 月中旬。发生涝年的概率约为 4 年一遇。大涝、特大涝约 15 年一遇。芜湖历史上最大的洪涝灾害发生在 1954 年。近 30 年较为典型的涝年有 1983 年、1987 年、1991 年、1996 年、1999 年。1983 年芜湖 6 月 19 日入梅至 7 月 18 日出梅，梅雨期历时 30 天，梅雨量较常年偏多了 1～2 倍。南陵县更是高达 1010 毫米，较常年偏多了 2.5 倍，为全省之冠。洪涝灾害严重。1991 年芜湖再次遭受百年不遇的特大洪涝灾害。1991 年 5 月 18 日入梅，7 月 12 日出梅，梅雨期 56 天，只比 1954 年少一天。成为芜湖历史上第二大洪涝灾害年。

1999 年芜湖地区出现了一级大涝。6 月 16 日出现了特大暴雨，一天的降水量达到了 153.5 毫米，为近三十年来日降水最高值。造成近百万人口受灾，多处房屋倒塌，万顷农田绝收。

洪涝灾害严重程度与当地的地形、地貌、水利设施及作物的生长季节有关，造成的经济损失还与当地的经济发达程度有直接关系。据联合国救灾部门统计，洪涝灾害造成的损失及人员伤亡，在 15 种自然灾害中居首位。芜湖大部分年份都有不同程度内涝和洪涝，给人民生命财产和工农业生产造成危害。

4.2.5　冰雹

冰雹也叫“雹”，是一种固体降水，多出现在春夏两季有积雨云生成的条件下。俗称雹子，夏季或春夏之交最为常见。它是一些小如绿豆、黄豆，大似栗子、鸡蛋的冰粒。其直径一般为 5～50 毫米，大的可达到 30 毫米以上。冰雹的产生、源地和移动路径与天气形势和地形有密切的关系。降雹的时间不长，一次降雹过程短的仅仅几分钟、十几分钟，长的也只有半个小时左右，同时降雹的范围也不广，小的几千米、几十千米，长的几百千米。

近三十年来芜湖一市四县气象部门观测记录到的冰雹过程共有 29 次(较多的冰雹过程因不经过观测站而无法探测)。分别出现在 1983 年、1986 年、1987 年、1988 年、1992 年、1994 年、1995 年、1998 年、1999 年、2005 年、2007 年、2009 年和 2010 年。

出现的月份主要集中在3—6月。虽然冰雹影响范围小，持续时间短，但它来势猛，强度大，极具破坏性。是农作物的天敌。冰雹的危害取决于雹粒直径的大小及降雹的持续时间。冰雹降落在植物的茎、叶、果实上，会造成很大的机械损伤。对于正处于开花期或成熟期的作物来说，严重的冰雹会造成毁灭性的灾害。果树、乔木受到雹灾，当年和其后的生长均受影响。植物受到冰雹的创伤后，还易遭受病虫害。此外，猛烈的冰雹还损坏房屋、伤害人畜。

4.3 秋季主要农业气象灾害

秋季(9—11月)是收获的季节，很多植物的果实在秋季成熟。秋季是由夏季到冬季的过渡季节。包括立秋、处暑、白露、秋分、寒露、霜降6个节气。秋季天气的主体表现为气温逐渐降低，“白露秋分夜，一夜冷一夜”。这种变化又有昼夜温差大、冷暖变化极不规律的特点。景物萧条、空气干燥，许多落叶多年生植物的叶子会渐渐变色、枯萎、飘落，只留下枝干度过冬天。而一年生的草本植物将会步入它们生命的终结，整个枯萎至死去。芜湖秋季的主要气象灾害有：寒露风、早霜冻、秋旱及低温冷害。

4.3.1 寒露风

寒露风是指寒露节气(10月上旬前后)前后，因冷空气入侵或台风与冷空气共同影响，造成双季晚稻孕穗—抽穗扬花受阻，导致空壳率增加、产量下降的低温冷害天气。寒露风一词最早用于华南地区，解放后，双季稻逐渐向北扩大到长江中下游一带，这些地区晚稻在9月中、下旬进入抽穗扬花期，同样易受低温危害，但习惯上仍沿用“寒露风”一词。寒露风在不同的地域有着不同的名称，长江中游有的地区称其为“社风”或“秋分风”，长江下游称“翘穗”或“不沉头”。安徽地区又将其称为“秋分寒”。

寒露风等级的划分以日平均气温、日最低气温、雨日为基础，分为干冷型、湿冷型两大类，并各分为轻度、重度两个等级。各级对应的日平均气温、日最低气温、雨日值见表4.3。

表4.3 寒露风等级

寒露风等级	干冷型		湿冷型		
	日平均气温	日最低气温	日平均气温	日最低气温	雨日
轻度	≤22℃，持续≥3天	>16℃	≤23℃，持续≥3天	>16℃	≥1天
	或≤22℃，持续2天	≤16℃			
重度	≤20℃，持续≥3天	>16℃	≤21℃，持续≥3天	≤16℃	≥2天
	或≤20℃，持续2天	≤16℃			

芜湖地区近30年重度寒露风几乎年年都有。轻度寒露风可达到每年3次左右。以湿冷型居多。出现的时间多为9月下旬到10月上旬之间。它是影响芜湖地区晚稻生产最常见的主要气象灾害,只要寒露风一刮,晚稻的扬花、授粉、受精和灌浆都会受到影响,稻穗的秕粒就会增加,结实率大幅度下降;寒露风厉害的地方,甚至会造成晚稻"青枯"死。"秋分不出头,割了喂老牛"的农谚说的就是寒露风的危害。

4.3.2 早霜冻

发生在秋季的霜冻称为早霜冻,又称秋霜冻。秋季一旦发生霜冻,降温现象便频繁出现,强度不断加大,所以,人们很注意秋季最早一次霜冻的到来,常称这次霜冻为初霜冻。秋季初霜冻来临越早,对作物的危害也越大。芜湖地区多年来每年早霜冻出现的初日大约在11月19日,自20世纪80年代开始芜湖地区的早霜冻出现了推迟,2001—2010年10年间晚霜冻的出现初日为:11月25日。秋霜冻整体呈现了减弱的趋势。但个别的年份还是有反常现象出现:如1995年和2009早霜冻初日分别在:11月8日和11月3日。并且年际变化较大。霜冻的发生仍然具有不稳定性。同时霜冻的发生除了受温度影响外,还与地面状况关系密切,局地发生率高。盆地、谷地、低洼地等冷空气容易积聚的地方,最容易发生霜冻,所以有"霜打洼地风打梁"之说。

早霜冻和晚霜冻的标准和危害机理都是一致的。但由于发生在作物的不同物候期,对作物的危害环节和程度有所不同。玉米、大豆、棉花等秋收作物和露天蔬菜在成熟前对霜冻非常敏感。如尚未吐絮的棉桃受冻后会使棉绒发黄,产量和质量下降,烟草叶片受冻品质下降,生姜受冻会变质、无法储存等等。玉米如果在灌浆期遭受早霜冻,不仅影响品质,还会造成减产。玉米发生轻度霜冻后叶片最先受害变得枯黄,影响植株的光合作用,产生的营养物质减少。会造成灌浆缓慢,粒重降低。如果气温继续下降达到严重霜冻,除了大量叶片受害外,穗颈也会受冻死亡,将切断茎秆向籽粒传输养料的通道,灌浆被迫停止,常常造成大幅减产。

4.3.3 秋旱

指9—11月份发生的干旱。9月份以后,副热带高压迅速南退东撤,雨带逐渐南移。如果副热带高压的撤退比常年快,使有些地区降水显著偏少,则会发生秋旱。根据单站降水量距平百分率划分的干旱等级(表4.1)计算,近三十年芜湖地区发生秋旱的年份共9年,分别是:1987年、1988年、1992年、1994年、1995年、1998年、2001年、2002年和2004年。除1998年和2001年达到了中旱标准外,其余的年份均为轻旱。2001年是最为严重的干旱年。整个秋季降水日仅有7天,降水量共计57.1毫米,其中9月无降水,10月3天,11月4天。

虽然芜湖地区出现秋旱的频率和旱灾的等级都较春旱较小。但秋旱的危害要比春旱严重。民间有:“春旱不算旱,秋旱连根烂”的说法。秋旱对作物的危害可以概括为“晚、弱、乱、慢”四个字。晚是指秋旱往往造成秋季作物难以播种和移栽,普遍形成晚播晚发。有效积温相对减少,生长发育后延,成熟期推迟,普遍变成晚茬作物。弱是指秋旱会造成农作物植株小、根系弱、叶片面积小,生物产量大幅度减少,直接影响经济产量。乱是由于受害程度不同,农作物播种有早有晚,品种杂乱,长势不整齐,给管理造成困难。慢是指受害的农作物脆弱,抗逆能力差,管理措施效应慢,养分吸收慢,光合积累慢。

4.3.4 秋季连阴雨

秋季连阴雨主要集中在每年的9、10月份,对秋收作物成熟及秋收秋种等农事活动影响较大。一般来说,连阴雨过程越长,对农作物的危害越大。长时间的阴雨寡照对秋收作物的成熟收晒均会产生不良影响。因此,对农业而言,“秋季连阴雨”虽然没有台风、暴雨所造成的灾害来得那样猛烈,但它同样给农业生产和国民经济建设带来不小的损失。

安徽省气象部门使用的秋季连阴雨指标为:9到10月的6个旬中,至少有两个旬雨日≥5天,过程雨量≥50.0毫米,其中有一旬雨量距平>200%。根据这一指标经计算可知芜湖地区近30年共出现秋季连阴雨6次。分别是:1983年、1984年、1985年、1992年、1993年和2010年。出现概率在20%左右。

9、10月份正值秋粮作物灌浆时期,光照持续不足会影响作物的光合作用。空气湿度大,则不利于叶片水分蒸腾,从而影响茎秆向籽粒传输养分。两种因素叠加,会导致作物籽粒不饱满,产量下降。此外,阴雨连绵的天气还会给农作物的成熟收获带来不便。籽粒收获后,由于缺少阳光不易干燥,因此可能造成脱粒困难,带来作物霉烂等严重后果。此时也正是冬小麦和油菜的播种期。在阴雨连绵的天气中农民很难进行农作物机器播种;而采取人工播种的方法容易将种子播种在土壤表面,同时容易造成种子播撒不均匀,从而增加冬小麦越冬时发生冻害的危险。蔬菜水果的生长同样会受到秋雨的不利影响。秋季水果成熟前后,光照不足将导致果实甜度不够,颜色不够鲜艳,从而影响果蔬的品质。

4.4 冬季主要农业气象灾害

芜湖的冬季在蒙古高压和阿留申低压的控制和影响下,常有来自北方的冷空气侵袭,天气寒冷,偏北风较多,雨雪较少,是一年中最寒冷同时也是最为干燥的季节。包括立冬、小雪、大雪、冬至、小寒和大寒六个节气。冬季是小麦油菜和大多数果树的越冬季节,农事活动相对少一些,但冬季正是农田水利建设的大好时机。芜湖冬季主要农业气象灾害有雪灾、冻害等。

4.4.1 雪灾

雪灾亦称白灾,是因长时间大量降雪造成大范围积雪成灾的自然现象。按气象观测规定雪覆盖地面达到测站四周能见度面积一半以上时,称为积雪。雪灾强度指标的确定根据地域有所不同。安徽的雪灾强度分为四个级别:1级为轻灾,2级为中灾,3级为重灾,4级为特大灾。具体如表4.4所示:

表4.4 雪灾等级指标

		积雪日数(天)				
		≤5	(5,10]	(10,15]	(15,20]	>20
积雪深度(厘米)	(2,5]	0	1	1	2	2
	(5,10]	1	1	2	2	3
	(10,20]	2	2	3	3	4
	>20	3	3	3	4	4

根据上表结合芜湖市气象局的观测资料可知:芜湖地区几乎每年都有降雪出现,发生雪灾的概率大约为5年一遇。雪灾基本都发生在1月中旬到二月中旬期间,但少数年份也有例外,如2009年的雪灾提前出现在11月16—19日期间。近30年来芜湖地区共发生了7次雪灾过程。其中1982年、1992年、1996年、2009年出现了轻灾;1985年出现了中灾;1984年和2008年出现了特大雪灾。2008年雪灾从1月13日一直持续到2月12日,历时31天。平均积雪深度为:13厘米,1月29日的积雪深度达到了36厘米是1949年以来持续时间最长、积雪最深、范围最大、灾情最重的一次雪灾。根据芜湖市民政局的统计:2008年雪灾共造成全市受灾人口288600人,转移安置人口11943人,造成了1人死亡,50人受伤;受灾农作物面积达43470公顷,其中绝收面积达:880公顷。倒塌房屋5830间,损坏房屋7739间,直接经济损失达到了9.62亿元,其中农业经济损失为3.40亿元。设施农业、养殖业、渔业和林业损失惨重,大范围的大棚、牲畜禽圈舍、雨棚等农业设施倒塌损坏,茶园苗圃冻害普遍。

4.4.2 冻害

冻害是指作物和果树林木在越冬期间因长时间处于0 ℃以下低温环境或因剧烈降温而丧失生理活动能力,造成植株受害或死亡的现象。冻害和霜冻的共同点都是0 ℃以下的低温,均造成植物体内结冰;不同点是灾害发生的时间、低温程度和对作物影响有差异。冻害发生在越冬期,为零下强烈的低温,以作物细胞间结冰为主;霜冻发生在秋末和春初作物活跃生长期，接近 0℃的零下低温，以作物细胞内结冰为主。

芜湖地区越冬期冻害基本都是由寒潮降温引起的，安徽省冬季严寒型冻害指标指在 12 月到 2 月期间，两个月气温负距平在 5℃以上，极端最低气温－9℃以下，且无积雪覆盖。芜湖地区在 1966 年、1969 年、1970 年、1973 年以及 1977 年都曾出现过越冬期冻害。在气候变暖条件下，近 30 年来此类灾害都没有出现。然而不同作物受冻害的特点不同，这一指标主要是针对冬小麦制定的。并不能代表越冬期冻害就此消失。并且冻害的危害程度与降温幅度、最低气温、低温持续时间和发生季节有关。冬季严寒型冻害整体发生的次数虽少，但芜湖地区南部的丘陵山地，因为对南下冷空气的阻滞作用，常使冷空气堆积，导致较长时间气温偏低，并伴有降雪、冻雨天气，较易发生此类冻害。

冬季当强寒流来袭，常常会造成温度大幅下降，降温幅度会达到 8℃以上。最低气温也会骤降到－4℃以下。这种剧烈降温型的冻害会引起一些水果和蔬菜内部组织结冰，生理代谢失调，受冻害的果蔬，细胞受到破坏死亡，解冻后汁液流失，失去食用价值。芜湖地区发生剧烈降温型的寒害概率较大，几乎每年都会发生。

第 5 章　气象与常规农业

5.1　水稻

芜湖市常年平均气温 16.0～16.7℃，10℃以上的有效积温达 5347.8℃ · d，日照时数 1770.8～1900.5 小时，年降雨 1211.0～1380.6 毫米，无霜期达 219～240 天。气候、土壤等自然条件优越，适合水稻生长需要，水稻种植类型丰富，早稻、中稻、单晚、双晚都有，且"四稻"混栽普遍。

5.1.1　芜湖水稻的种植历史与芜湖米市

芜湖市位于安徽东南部，地处长江下游，南倚皖南山系，北望江淮平原。境内圩田肥沃，气候适宜，雨量充沛，水稻栽培历史悠久，据科学研究考证，长江流域种植水稻的历史长达 7000 多年。芜湖自古就有"鱼米之乡"的美誉。

芜湖是安徽省主要水稻产销集散地，也是国家优质稻标准化生产基地、国家商品粮生产基地和优质良种选繁基地。目前全市常年种植面积在 235 万亩左右，种植面积居粮食作物之首。特别是 2008 年以来，芜湖市将超级稻推广、水稻高产创建、全程机械化生产有机结合，使得芜湖市超级稻每年种植面积达 70 万亩，单产连创新高。探索和总结出"政府推动、企业运作、科技支撑、农民参与"的"芜湖模式"，超级稻推广所取得的成效，得到了袁隆平院士和业界的推崇，也得到了安徽省政府、有关部门和媒体的充分肯定，为在长江沿岸大面积推广超级稻提供了可靠的理论依据和宝贵的实践经验。

在 19 世纪下半叶，芜湖和无锡、长沙、九江并列为中国四大米市，近、现代以来更是有全国"四大米市"之首的美誉。所产芜湖大米，米粒外观品质透明有光泽，没有或很少有垩白，吸水不多，膨胀度适中，胶稠度高，延伸性较强，米饭光泽度好，白而晶莹，黏弹性较强、软硬度适中，热饭喷香，口感好，冷饭仍然具有柔韧性、不回生、色泽如常。

芜湖大米营养丰富，含有适量的淀粉（直链淀粉 16%左右）、脂肪、蛋白质（≥7%）、氨基酸、维生素及矿物质。糙率分别达 83%、80%、78%以上，精米率分别达 76%、74%、72%以上，整精米率分别达 68%、66%、64%以上，均优于国标 2 个百分点,更优于周边地区。

5.1.2 水稻的生育进程

水稻从出苗到种子成熟是一个完整的生育期。经过秧苗期、分蘖期、孕穗期、抽穗扬花期、灌浆结实期和成熟期,大的划分为营养生长和生殖生长两个时期。自种子萌发到幼穗分化开始,这一时期生长根、茎、叶,称为营养生长期;幼穗分化到抽穗,这一时期幼穗与茎叶同时生长,是营养生长和生殖生长并进时期;抽穗以后开花授粉和籽粒灌浆、结实,称为生殖生长期;不同生育时期之间有着互相联系、相互制约的关系。协调好营养生长和生殖生长之间的关系,是水稻高产栽培的重要原则之一。

5.1.3 水稻适宜的气候条件

水稻不同的生育阶段,对外界条件的要求也不相同。外界条件适宜生育良好,外界条件不适宜,轻则抑制水稻该阶段的生长发育,重则造成不同程度的灾害。

5.1.3.1 温度要求

水稻是喜温作物,生物学最低温度粳稻为10℃,籼稻12℃。苗期遇到低温,出苗率低,而且速度慢,易发生烂秧、死苗现象;抽穗扬花期连续3天低于22℃,籼稻易造成空壳和秕谷,但气温高于35℃,籼稻易造成结实率下降等不利影响。水稻不同生育阶段的温度要求如下表:

表5.1 水稻不同生育阶段的温度要求表(℃)

温度范围	种子发芽	分蘖期	幼穗形成期	开花期	灌浆期
最低	8～12	15	19～21	20～22	18
最适	28～32	30～32	25～29	26～30	22～28
最高	40	38～40	35	38	32

5.1.3.2 水分要求

水稻全生长期需水量700～1200毫米,大田蒸腾系数在250～600,不同的生育期对水分要求也不同。秧田期对水分的需要随秧苗生长而增多,出苗前只需保持田间最大持水量的40%～50%就可满足发芽、出苗需要;三叶期以前也不需水层,土壤含水量为70%左右;三叶期以后土壤水分不少于80%,低了就会影响水稻生长。分蘖期需充足的水分,在缺水或水分不足时,植株生理功能减退,分蘖水分供应不足,常会干枯致死,这就是“黄秧搁一搁,到老不发作”的原因;拔节孕穗期是水稻需水量最多时期,宜灌6～10厘米深水。

5.1.3.3 光照要求

水稻是喜阳作物，它对阳光条件要求较高，水稻单叶饱和光强一般在3万～5万勒克斯，群体光饱和点随着叶面积指数的增加而变高，一般最高分蘖期为6万勒克斯左右，孕穗期可达8万勒克斯以上。光照是培育壮苗和水稻健壮生长的重要条件之一。分蘖的发生和光照有关，在自然光照下返青后3天开始分蘖，当光强降至自然光照强度的5%时，分蘖不发生，主茎也会死亡。除特殊年份外，芜湖市一般不会出现光照不足现象。

5.1.3.4 空气要求

秧田里有充足的氧气幼苗才能正常生长。秧苗在淹水情况下生长发育不良，根少、苗弱。尤其是在三叶期之前，淹水不利培育壮苗，因此，秧田育苗过程中，小水勤灌，不保水层，有利培育壮苗。湿润育苗、干旱育苗都是为了培育壮苗，满足秧苗生长对氧气的要求。

5.1.4 水稻生育期间的气象灾害

芜湖市水稻生产从早稻播种开始直至双晚稻收获，水稻生育适期长达8个多月，期间有可能的气象灾害主要有以下几种：

5.1.4.1 低温冷害

芜湖市早稻播种自3月下旬开始，若日平均气温低于12℃，就会出现出苗率低、速度慢，易诱发绵腐病而发生烂秧、死苗等现象。

5.1.4.2 高温热害

芜湖市中稻抽穗、灌浆期多集中在8月上、中旬，期间出现超过35℃以上的高温干旱天气概率较大，因高温热害影响易造成结实率降低的现象。比较突出的年份是2013年，从7月下旬直到8月中旬，出现连续多日最高温度达到40℃的高温干旱天气。高温热害造成水稻枯死7.54万亩，中籼稻结实率普遍降低25%左右，严重田块达40%，较正常年份减产3～4成。

5.1.4.3 低温连阴雨

6月下旬至立秋期间，若阴雨天气多、日照时数少、活动积温不足。造成早稻收割时间推迟，让茬推迟影响双季稻栽插进度；

造成中稻抽穗时间延长，小部分田块出现包颈现象，灌浆时间延长，灌浆速率低，出现空秕；迟熟直播粳稻和双季晚稻的生育进程总体较常年同期推迟；双晚后期遭遇寒露风风险增加，将造成结实率下降，空壳、瘪粒增多，严重的不能抽穗，减产严重。比较突出的年份是2014年，低温连阴雨天气长达40多天。

5.1.4.4 寒露风

芜湖市双季稻抽穗一般在9月中旬，若当年气温低，寒露风来得早，平均气温低于18℃，就会出现抽穗困难、包颈、灌浆受阻等问题，是芜湖市双晚种植中较严重的气象灾害，比较突出的是2012年，双晚遭受寒露风，部分田块无法正常抽穗而绝收。

5.1.5 气象灾害的规避与补救措施

5.1.5.1 播期调整

早稻：宜选用全生育期100～105天，根据茬口、品种特性及地面温度稳定通过12℃而定，旱育旱播可在3月25日左右播种，正常情况下，一般4月5—10日播种，秧龄控制在20～25天，谨防秧苗超龄。

单季稻：宜选用全生育期杂交籼稻135～140天、粳稻全生育期145～150天，根据茬口、品种特性及齐穗期温度而定，杂交稻以在8月15日前后、粳稻宜在8月底至9月初齐穗，秧龄不超过25天为原则(秧龄严格控制在20～25天以内，谨防秧苗超龄)，旱育旱播可在4月25日左右播种，正常情况下，一般杂交籼稻5月5—10日播种，粳稻5月20—25日播种。

双季稻：宜选用全生育期杂交籼稻105～110天，粳稻全生育期120～125天，根据茬口、品种特性及齐穗期温度而定，秧龄不超过25天为原则，杂交稻以在6月28日前播种，9月15日前后齐穗比较安全，粳稻宜在6月25日前播种，9月20日齐穗。

水稻机械化插秧：育栽时间早稻4月5日播种育秧、5月1日移栽，秧龄26天，叶龄4.5叶；单籼杂4月28日播种育秧、5月20日移栽，秧龄22天，叶龄4.6叶；中粳稻5月15日播种育秧，6月8日机插，秧龄24天，叶龄4.8叶；双晚杂交稻6月25日播种育苗、7月23日移栽，秧龄28天，叶龄6.5叶。双晚粳稻6月24日播种育苗、7月23日移栽，秧龄29天，叶龄6.8叶，双晚育秧2叶一心期进行化控矮化。

5.1.5.2 控施氮肥，增施钾肥

抽穗前10～15天，亩施氯化钾7.5千克，不施或少施穗粒肥，以防贪青，促进早熟。

5.1.5.3 风前增施抗风肥，风后及时补肥

在寒露风期间，晚稻根系活力减弱，会影响其对养分和水分的吸收，抗寒能力降低。在寒露风来临之前，叶面喷施磷酸二氢钾0.4千克/亩；寒露风过后，及时补喷施磷酸二氢钾0.4千克/亩，以恢复稻株活力，促进灌浆，保证谷粒饱满。

5.1.5.4 喷施“九二〇”

在寒露风到来之前，对预计不能安全齐穗的晚稻，在抽穗30%左右时期，亩用

"九二〇"1～1.5 克,用高度酒或酒精溶解,兑水 30 千克选晴天上午均匀喷雾,促进安全齐穗。

5.1.5.5　以水调温,改善田间小气候

在寒露风到来之前灌深水,提高稻田土温和近地层气温,可有效减轻低温危害。待寒露风过后逐渐排水。若白天气温高,夜间气温低,应采用日排夜灌的方法保持田间温度。

5.1.5.6　撒施草木灰

有条件的田块在寒露风来临前 1～2 天撒施一定数量的草木灰、火土灰或煤灰,既提高泥表温度和穗部温度,改善了田间小气候,同时又给晚稻提供了钾肥,促进其根、茎、叶恢复生长,增强后劲,提高结实率和千粒重。

5.1.6　气候条件对水稻病虫害的影响

芜湖市水稻上发生的病虫害多达几十种,都与气候条件有关系,但关系最为密切主要有:

5.1.6.1　稻瘟病

典型的气候性病害,在芜湖市主要发生在单双晚稻穗期的穗颈瘟,在适温(26～28℃)、高湿(相对湿度 90%以上)、雨、雾、露存在的气候条件下有利于发生,感病品种发生重于其他品种,一般流行年份产量损失 10%～30%,严重的减产 50%以上,甚至绝收。比较典型的年份有 1995 年、2012 年、2014 年。

5.1.6.2　稻曲病

典型的气候性病害,在芜湖市主要发生在单双晚稻穗期,适宜在低温高湿的气候条件下发生,感病品种发生重于其他品种,一般流行年份产量损失 5%～10%,严重的减产 50%以上。比较典型的年份有 2009 年、2011 年。

5.1.6.3　纹枯病

芜湖市水稻上常发性病害,四稻上发生普遍,产量损失也大,典型的高温(25～32℃)高湿性病害,与高肥密植关系最大,水稻生长中后期的高温多雨气候是主要的诱发因素。

5.1.6.4　细菌性病害

芜湖市水稻上的偶发性病害,包括水稻白叶枯病、细菌性条斑病,主要发病原因种子带菌、越冬病残体传染,但病害发生发展与气候条件关系密切。一般 7—8 月份暴雨多、台风过境次数多,病害发生重,反之则轻。

5.1.6.5 稻飞虱

是与气候条件相关的两种迁飞性害虫之一：包括白背飞虱和褐飞虱，这两种稻飞虱在芜湖市不能越冬，发生程度与当年6—7月份从南方虫源地迁入以及9月份从北方虫源地回迁的多少和迟早密切相关，稻飞虱迁飞期内暴风雨频次多，降雨量大，迁入量就可能大，暴发的可能性增加，其中褐飞虱发生程度典型的气象指标为“盛夏不热、晚秋不凉、夏秋多雨”，该气象条件极有可能造成稻飞虱重发，比较典型的年份有1997年。

5.1.6.6 稻纵卷叶螟

发生程度与气候条件相关性比稻飞虱还要大，稻纵卷叶螟也是迁飞性害虫之一，在芜湖市不能越冬，发生程度与当年6—7月份从南方虫源地迁入多少和迟早密切相关，迁飞期内暴风雨频次多，降雨量大，迁入量就可能大，暴发的可能性增加。同时，该虫害的产卵、孵化、危害主要在水稻叶片上，属于典型的叶面害虫，在高温37℃以上、干旱(相对湿度80%以下)的条件下发生相对较轻，反之则重。

5.2 小麦

芜湖市种植的都是冬小麦，一般10月中旬开始播种到翌年5月底6月初成熟，全生育期210～220天。小麦全生育期需0℃以上积温2100～2400℃·d，日照1200～1400小时，降雨350～500毫米。

5.2.1 小麦的生育进程

小麦种子萌发出苗到新种子成熟，要经过一系列外部形态特征和内部生理上的变化。随着植株内部生理变化，其外部的根、茎、叶、蘖、穗和籽粒逐渐形成和发育。根据器官形成的顺序和特征，通常把小麦的生长期分为：出苗期、三叶期、分蘖期、返青期、拔节期、孕穗期、抽穗期、开花期、灌浆成熟期。小麦拔节前以营养生长为主，拔节后逐步转为以生殖生长为主，抽穗后营养生长趋于停止。冬小麦一生中要经过几个内部质变阶段才能完成其生长周期，最后产生种子，这就叫阶段发育。目前研究比较清楚的是春化阶段和光照阶段。

5.2.2 小麦适宜的气候条件

小麦生育的不同阶段，对外界条件的要求也不相同。外界条件适宜，小麦生育良好；外界条件变化不适宜小麦该生育阶段对外界条件的要求，轻则抑制该阶段的生长发育，重则造成不同程度的灾害。水分、温度、光照和空气是小麦生长发育必需的环境条件。要取得小麦高产，一方面应因地制宜地选用优良品种，另一方面要通过田间管理创造适宜小麦生长发育的环境条件。

5.2.2.1　温度

小麦的生长发育在不同阶段有不同的适宜温度范围。在最适温度时，生长最快、发育最好。小麦种子发芽出苗的最适温度是 15～20℃；小麦根系生长的最适温度为 16～20℃，最低温度为 2℃，超过 30℃则受到抑制。温度是影响小麦分蘖生长的重要因素。在 2～4℃时，开始分蘖生长，最适温度为 13～18℃，高于 18℃分蘖生长减慢。小麦茎秆一般在 10℃以上开始伸长，在 12～16℃形成短矮粗壮的茎，高于 20℃易徒长，茎秆软弱，容易倒伏。小麦灌浆期的适宜温度为 20～22℃。如干热风多，日平均温度高于 25℃以上时，因失水过快，灌浆过程缩短，使籽粒重量降低。

5.2.2.2　水分

水分在小麦的一生中起着十分重要的作用。据研究，每生产 1 千克小麦约需 1000～1200 千克水，其中有 30%～40%是由地面蒸发掉的。在小麦生长期间，降水量大约只有需水量的 1/4 左右。所以麦田在不同时期灌水，以及采取抗旱保墒措施，对于补充小麦对水分的需要有十分重要的意义。试验表明，冬小麦各生育时期的耗水情况有如下特点：

(1)播种后至拔节前，植株小，温度低，地面蒸发量小，耗水量占全生育期耗水量的 35%～40%，每亩日平均耗水量为 0.4 立方米左右。

(2)拔节到抽穗，进入旺盛生长时期，耗水量急剧上升。在 25～30 天时间内耗水量占总耗水量的 20%～25%，每亩日耗水量为 2.2～3.4 立方米。此期是小麦需水的临界期，如果缺水会严重减产。

(3)抽穗到成熟，约 35～40 天，耗水量占总耗水量 26%～42%，日耗水量比前一段略有增加。尤其是在抽穗前后，茎叶生长迅速，绿色面积达一生最大值，日耗水量约 4 立方米。

5.2.2.3　日照

日照充足能促进新器官的形成，分蘖增多。从拔节到抽穗期间，日照时间长，就可以正常地抽穗、开花；开花、灌浆期间，充足的日照能保证小麦正常开花授粉，促进灌浆成熟。

5.2.3　小麦生育期间的气象灾害

5.2.3.1　旱灾

小麦生育期间旱灾时常发生，主要是播种期间的秋旱和灌浆成熟期出现的高温干旱。

5.2.3.2　涝渍

秋冬涝渍可能性基本没有，抽穗后遇大雨或降水量偏大，并伴有6～7级大风，会造成麦田严重倒伏。成熟后如遇连续阴雨，不能及时收获的，会在穗部发芽。

5.2.3.3　冻害

小麦抽穗前偶遇温度下降的幅度大、持续的时间长，就会产生不同程度的冻害。轻度冻害，常使叶片失水，部分叶尖干枯或死叶。严重冻害，会导致大量死苗而减产。

5.2.3.4　干热风

小麦生长后期的气象灾害，4月下旬至5月中旬，若遇到干热风，对小麦灌浆不利，重者茎秆青枯，造成小麦早衰和逼熟，影响产量和品质。

5.2.4　提高小麦单产的措施

5.2.4.1　三适播种，即适期、适墒、适量播种

播种适期为10月中旬，最迟11月20日前。播种时适宜的耕层土壤含水量75%～80%，才能保证出齐苗。播量要适当，亩播8～10千克即可。

5.2.4.2　合理运筹肥料

小麦播种前整地时要施足底肥，除土杂肥外，亩底施15%－15%－15%三元复合肥50千克，拔节—挑旗期间亩追施尿素10～15千克。

5.2.4.3　防治病虫害

种衣剂包衣或拌种、撒毒饵防治地下害虫，冬前麦田杂草多应用除草剂除草。开春后气温回升到15℃以上，麦蚜和红蜘蛛开始发生，拔节后群体大，田间荫敝，如再遇阴雨多，纹枯病会重发，后期还会发生的赤霉病、白粉病、锈病等，及时针对性用药防治。

5.2.4.4　“促—控—促”管理

小麦出苗后到个体和群体达预定指标前，管理上以“促”为主；达到预定指标后至拔节期，管理上以“控”为主；拔节后，适当“促”，以增粒增重。

5.2.5　气候条件对小麦病虫害的影响

芜湖市小麦上发生的病虫害与气候关系最为密切的主要有以下几种。

5.2.5.1　赤霉病

该病是典型的气候性病害，在芜湖市主要发生在小麦穗期，造成麦穗发霉、变色、腐烂。适宜在适温(25℃)、高湿(相对湿度81%以上)的气候条件下发生，发生程度

与小麦抽穗扬花期的雨日、雨量成正比，感病品种发生重于其他品种，一般流行年份产量损失 10%～30%，严重的减产 50%以上。比较典型的年份有 2012 年。

5.2.5.2　白粉病

该病是典型的气候性病害，该病可侵害小麦植株地上部各器官，但以叶片和叶鞘为主，发病重时颖壳和芒也可受害。该病发生的适宜温度为 17～22℃，低于 10℃发病缓慢。相对湿度大于 70%有可能造成病害流行。特别是 4 月份雨量较多的年份，田间湿度大，5 月上旬阴雨连绵极易造成小麦白粉病流行，如果又碰上小麦生长后期雨量偏多分布均匀，温度又偏低，将延长白粉病的流行期，加重病情，比较典型的年份有 2004 年、2015 年。

5.2.5.3　纹枯病

该病是芜湖市小麦常发性病害，典型的高温高湿性病害，与高肥密植关系最大，但小麦生长中后期的高温多雨气候是主要的诱发因素。

5.2.5.4　灰飞虱

灰飞虱是在芜湖市也能越冬的一种飞虱，一般在小麦、油菜田以及杂草中越冬，5 月份暴发时能造成小麦提前枯死。午季作物收割后，转入稻田危害，引发水稻矮缩病。冬季气温偏高，春季降雨量偏少，灰飞虱有重发的可能，发生严重的年份有 2007 年、2008 年。

5.3　油菜

芜湖市种植的都是半冬性油菜，一般秋季 9 月 30 日—10 月 10 日左右播种，到翌年 5 月中旬成熟，全生育期 220～240 天。从播种到成熟需大于 0℃的积温 1800～2500℃ · d。日照 1200～1400 小时，降雨 300～450 毫米。

5.3.1　油菜的生育进程

油菜整个生育期可分为苗期、蕾苔期、开花期和角果成熟期。苗期为 90～120 天左右。蕾苔期 30 天左右，是生长最快的阶段，开花期 30 天，花序不断伸长，边开花边结果，角果生育成熟期一般 30 天左右。

5.3.2　油菜生育期的气象条件

芜湖市油菜多为甘蓝型半冬性油菜，抗病、抗寒、适应性强，增产潜力大。油菜的各生育阶段的气象条件如下：

5.3.2.1 发芽

下限温度3～4℃，最适温度25℃，上限温度36℃。16～20℃的条件下3～5天可出苗，低于3℃、高于36℃都不利于发芽。土壤水分保持在田间持水量60%～70%为宜。

5.3.2.2 苗期(出苗至现蕾)

油菜苗期约占全生育期日数的一半，甘蓝型中熟品种苗期120天左右(由头年的10月到次年的2月)，生育期长的品种此期更长。苗期分苗前期和苗后期，苗前期指出苗—花芽分化，苗后期指花芽分化—现蕾的一段时间。此期适宜温度10～20℃，下限温度0℃，苗期需充足的光照，适宜的土壤含水量，占田间持水量的70%左右。

5.3.2.3 现蕾

冬油菜一般在开春后气温稳定在5℃以上开始现蕾。

5.3.2.4 蕾苔期

现蕾后即可抽薹，一般为25～30天，日平均气温大于10℃，可迅速抽薹(适宜的温度10～20℃)。适宜的土壤水分应是田间持水量的80%左右。蕾苔期是决定角果的每角粒数的重要时期。

5.3.2.5 开花期

油菜开花期是营养生长与生殖生长都很旺盛的时期。花期为20～40天，盛花期叶面积达一生最大值，叶面积指数达4～5，也是光合作用最旺盛时期。开花期是决定每角果籽粒数的关键时期。油菜开花的适宜温度范围12～20℃，10℃开花数少，36℃以上开花结实不良。油菜开花的下限温度为日平均气温≤5℃多不开花。油菜开花的适宜温度为日平均气温14～18℃，油菜开花的上限温度为日平均气温22℃。开花期土壤湿度以田间持水量的70%～80%为宜，需要充沛的日照。

5.3.2.6 角果发育成熟期

油菜从终花到成熟，一般经历25～30天。主要是角果发育种子形成和油分积累。此时根、茎、叶的生长逐渐停止，功能逐渐衰退。角果迅速伸长增粗，是争取籽粒饱满和提高含油量的关键时期。角果发育成熟期适宜温度15～20℃，以18～20℃为最适宜。日平均气温大于6℃，能正常结实壮籽。土壤水分以不低于田间持水量的60%为宜。

5.3.3 油菜生长期的气象灾害

5.3.3.1 低温冻害

苗期低温冻害，气温降至－3℃至－5℃状态，叶片开始受冻，－7至－8℃受害较重，冬性强的品种能抗－10℃以下的低温。冬季低温加上大风加重冻害。抽薹开花期对低温敏感。春季开花时气温骤降至 5℃将停止开花。若遇 0℃以下的低温或冰天雪地可受冻致死，甚至整个花序、花蕾枯萎脱落。气温低于 10℃或高于 22℃对开花不利，开花数显著减少。

5.3.3.2　高温逼熟

高温使花器官发育不正常，蕾荚脱落率增大。冬油菜灌浆成熟期日最高气温常常超过适宜温度，日最高气温大于 30℃，造成高温逼热以致减产。

5.3.3.3　连阴雨

南方因雨水过多，特别是花期多雨，伴随着低温寡照常发生湿害，引起植株早衰，使角果数减少，每角果粒数下降，千粒重降低造成减产。

5.3.3.4　大风

大风引起倒伏、折枝断茎。极少数年份出现过花期降雪，也能引起倒伏、折枝断茎。

5.3.4　气候条件对油菜病虫害的影响

芜湖市油菜上发生的病虫害与气候关系最为密切的主要有以下 3 种。

5.3.4.1　菌核病

典型的气候性病害，该病可侵害油菜植株地上部各器官，但以叶片和茎秆为主，在芜湖市主要危害油菜叶片和茎秆，特别是茎秆受害后，水分和养分供应中断，且茎秆易折断。适宜在适温(20℃)、高湿(相对湿度 85％以上)的气候条件下发生，感病品种发生重于其他品种，发生程度与油菜花期的雨日、雨量成正比，一般流行年份产量损失 10％～30％，严重的减产 50％以上，比较典型的年份有 2008 年、2012 年。

5.3.4.2　霜霉病

典型的气候性病害，该病发生的适宜温度为 8～16℃，相对湿度大于 90％，光照弱有可能造成病害流行。特别是田间湿度大，易造成霜霉病流行。

5.3.4.3　灰飞虱

见小麦部分。

5.4　棉花

棉花是世界性经济作物，也是重要的军需物资。除生产棉花纤维外，还生产棉籽壳、棉籽油、棉籽蛋白等副产品，经济价值高。我国种植棉花历史悠久，主要种植区域包括:黄河流域、长江流域、西北内陆棉区、华南棉区以及北部特早熟棉区。芜湖市属于长江流域棉区,由于棉花的经济效益低,加上取消了临储政策,2014 年全国棉区都缩减了种植面积,特别是内地棉区的种植面积下滑幅度较大。据统计,2014 年全国棉花种植面积约为 421.91 万公顷,比上一年减少 12.65 万公顷,降幅约 2.9%;其中长江流域和黄河流域棉区的种植面积仅有 203 万公顷左右,与上一年相比,长江流域约降 12.1%,黄河流域约降 14.5%。芜湖市近两年棉花种植面积由 60 多万亩减少到不足 40 万亩。

5.4.1 棉花的生育进程

棉花整个生育期可分为播种出苗期、苗期、蕾期、花铃期、吐絮期五个时期。播种出苗期为 7～15 天左右;苗期 40～50 天左右;蕾期 25～35 天左右;花铃期约 50～70 天左右;吐絮期 70～100 天左右,全生育期 220～250 天左右。

5.4.1.1 播种出苗期

从棉籽播种到子叶出土并展开,称为出苗期。芜湖市棉花播种期在 3 月底—4 月初,约需 7 天出苗,一播全苗是棉花生产的关键。

5.4.1.2 苗期

从出苗到现蕾称为苗期,约为 40～50 天。苗期是以营养生长为主的时期,生长速度较慢。

5.4.1.3 蕾期

从现蕾到开花叫蕾期,约 25～35 天。蕾期多在 6 月份,主要是长根、茎、叶搭丰产架子时期。

5.4.1.4 花铃期

从开花到吐絮叫花铃期,约需 50～70 天。花铃期多在 7 月上旬至 8 月中旬,主要是营养生长与生殖生长并进时期。

5.4.1.5 吐絮期

从开始吐絮到收花结束为吐絮期,约需 70～100 天。一般在 8 月中下旬开始吐絮,9 月为吐絮盛期,11 月初收花结束。

5.4.2 棉花生育特性与气象条件

5.4.2.1 温度

棉花属喜温作物,喜温、好光、较耐旱但怕渍。出苗适宜温度 15～17℃,现蕾开花和结铃的适宜温度为 25～30℃。

5.4.2.2　光照

光周期和光强影响棉花生长发育，不足会抑制棉花的发育，造成大量蕾铃脱落。

5.4.2.3　水分

棉花属直根系作物，根系发达，属耐旱作物。土壤含水量为田间持水量的 55%～70%，地下水位离地 1～1.5 米以下，适宜棉花生长。各生育期需水量依次为花铃期、吐絮期、苗期、蕾期。

5.4.3　棉花生长期的气象灾害

5.4.3.1　低温冷害

芜湖市棉花播种期 3 月底开始，若日平均气温低于 12℃，就会出现出苗率低、速度慢，易诱发立枯病、炭疽病等苗期病害，而发生死苗等现象。

5.4.3.2　涝渍

棉花较耐旱，但怕涝渍，无论是哪个生育期，遇到田间积水的涝渍现象，土壤缺氧，根系呼吸作用受阻，各项生理活动不能正常进行，影响地上部生长，甚至死亡。

5.4.3.3　暴风雨

抽穗后遇大风暴雨易造成机械损伤，引起蕾铃大量脱落、植株倒伏、折枝断茎，诱发多种病害。

5.4.3.4　气候原因引起的蕾铃脱落

棉花一般单株蕾数多达几十个，生产潜力很大，但生产上最后能收获的棉桃仅几个到十几个，大量的蕾铃由于多种原因而脱落。若以每亩 2000 株计算，每株少落一个桃，就能增产皮棉 2.5 千克左右，所以提高成铃数是提高棉花产量的一个重要方法。气候原因是蕾铃脱落的一个主要原因。南方在蕾铃期常常遇到连阴雨或严重的高温干旱，造成蕾铃大量脱落，严重影响产量的形成。

5.4.4　气候条件对棉花主要病虫害的影响

5.4.4.1　出苗期病害

出苗期病害是棉花生产中最主要病害，主要包括立枯病、炭疽病等病害，主要原因是低温阴雨引起的气候性病害。

5.4.4.2　蕾铃期病害

是棉花生产中的主要病害，主要包括红粉病、红腐病等病害，主要原因是蕾铃期长时间低温阴雨引起的气候性病害。虫害可直接或间接地引起蕾铃脱落。直接为害的虫害主要有棉盲蝽和棉铃虫,为害时间长而严重。间接为害有蚜虫,使棉叶卷缩,叶面积减少,光合作用差,棉株矮小,影响蕾铃脱落。

5.4.4.3 蚜虫、螨类害虫

从苗期直到花期,都可以发生的主要害虫,一般气温高、降雨少,容易引起重发,是目前棉花栽培上的主要害虫。

5.4.4.4 棉铃虫

以前一直是棉花生产上的重要害虫,也是农药使用最多、环境污染最大、产量损失最多的害虫。自生产上使用转基因抗虫棉品种后,目前已经很少用药,发生和危害程度极轻,不成为棉花上的主要害虫。

5.4.5 防止蕾铃脱落的途径

5.4.5.1 培育壮苗,促进早发

壮苗根系发育良好,有利于养分的吸收,增强对不良气候的适应能力,为增蕾保铃打下基础。

5.4.5.2 注意防治虫害

现蕾后迅速出现果枝,只要虫害防治得力,棉花脱落就会减少。

5.4.5.3 合理的肥水管理

由于棉花是边开花边结铃的生长方式,消耗大量的有机养料,如果有机肥料不足,是造成脱落的主要原因,应采取合理的肥水管理,达到稳生长、稳增蕾,防陡长,是确保产量的关键因素。在生产上应重施花铃肥、补施桃肥,防止早衰,保枝叶,增强光合效率,争取早秋桃的要求。

第6章　气象与现代农业

6.1　现代农业的基本知识

6.1.1　现代农业的定义

现代农业就是用现代物质条件装备农业、用现代科学技术改造农业、用现代产业体系提升农业、用现代经营形式推进农业、用现代发展理念引领农业、培育新型农民发展农业的总称。它的核心是科学化，特征是商品化，方向是集约化，目标是产业化。

6.1.2　现代农业的类型

现代农业包括无土农业、特色农业、包装农业、彩色农业、知识农业、精准农业、旅游（观光）农业、外向型农业等。

6.1.2.1　无土农业

即无土栽培技术。它利用水做溶剂，根据不同作物的生理需求，加以不同量的营养物，配制成不同配方的营养液。以砂石或锯末粉为载体，达到高产、优质、高效的生产目的。同时具有劳动强度低，抗灾抗逆能力强，省工省水省肥的优点。目前主要应用在特需蔬菜的栽培上。

6.1.2.2　特色农业

指为适应市场条件的要求，开发那些高营养值、高消费值或高附加值的农业项目，可谓是另辟蹊径。不种植常规作物，不养殖常规家畜禽。如开发珍稀苗木、名贵花卉等。

6.1.2.3　包装农业

这是为了适应人们选购高质量高营养产品的同时也选择产品外在包装而推出的农业产业化新技术。农产品要想获得消费者的厚爱，在抓产品质量和规模经营的同时也要在包装上多下功夫。

6.1.2.4　精准农业

精准农业为近年来国际上农业科学研究的热点。核心技术是地理信息系统

(GIS),全球卫星定位系统(GPS),遥感技术(RS)和计算机自动控制系统在农业上的应用。运用这些系统按照田间每一操作的具体条件,精细准确地调整土壤和作物管理措施,优化农业投入,达到保护农业自然资源的同时获取高产量和高效益。目前已有发达国家开始应用。

6.1.2.5 旅游(观光)农业

是与旅游业相结合的一种消遣性农事活动。农民利用当地的优势条件开辟活动场所,提供生活设施,吸引游客,以增加收入。旅游活动的内容除游览田园风景外,还有林间狩猎、水面垂钓、采摘果实等农事活动。人类在经历了300年的工业化,城市化进程之后,基本生活已经得到满足。随着收入的提高,闲暇时间的增多和各种物质条件的便利,已越来越感到城市空间的狭小和不适,在要求食品新鲜、安全的同时更需体验回归自然的感觉。旅游(观光)农业的兴起,不仅可以满足这些要求,发挥其生产功能的同时,也发挥其休闲度假、保护生态、丰富生活等功能。城乡间的相互排斥、对立关系将变为互补、融合关系。发展前景十分广阔。

6.1.2.6 彩色农业

未来的农业将随着基因工程等技术的应用,出现多彩的局面。一方面有色薄膜将大量推广,白色薄膜逐渐减少。另一方面可直接生产出不同颜色的同一作物。如棉花纤维不再只是白色,玉米籽粒不再只是黄色或白色等。

6.1.2.7 知识农业

知识经济从一提出便引起强烈反应。人类在经历计划经济、商品经济后,如今又进入知识经济的时代。知识和知识经济已日益成为企业生存和竞争的焦点,农业领域也不例外。“知识农业”新概念呼之欲出,它要求第一产业的高知识层能预测和创造市场,发展产销对路,附加值高的项目,农业工作者要强化知识意识,用现代农业的新知识和新成果武装头脑,推动农业产业化进程。

6.1.2.8 外向型农业

指以出口创汇为主体的农业,所生产的农产品主要面向国际市场。这就要求具有与国际农产品市场需求变化相适应的生产基地、技术支持、运作机制和服务体系。

6.1.2.9 立体农业

由“平面式”向“立体式”发展,如:水中密养、混养、分层养。如:高矮间作、长短套作。由“陆地式”向“宇宙式”扩展。“远走高飞”奔向太空,农业进入太空(太空农业)。

6.1.2.10 温室农业

由“自然式”向“设施式”发展,如:蔬菜、花卉等农作物可由田间移到温室。由“机械化”向“电脑自控化”发展。“超级智能机器人”将参与农场管理并干活(自控化农业)。由“农场式”向“公园式”发展。将农场改建成农业公园,有各种动物植物、娱乐设施、景点艺术,空气新鲜,四季协调(园式农业)。

6.1.3　现代农业与传统农业区别

与传统农业相比,现代农业具有四大特点:

6.1.3.1　突破传统农业仅仅或主要从事初级农产品原料生产的局限性

实现了种养加、产供销、贸工农一体化生产,使得农工商的联合更加紧密。

6.1.3.2　突破了传统农业远离城市或城乡界限明的局限性

实现了城乡经济社会一元化发展、城市中有农业、农村中有工业的协调布局,科学合理地进行资源的优势互补,有利于城乡生产要素的合理流动和组合。

6.1.3.3　突破传统农业部门分割、管理交叉、服务落后的局限性

实现按照市场经济体制和农村生产力发展要求,建立一个全方的、权责一致、上下贯通的管理和服务体系。

6.1.3.4　突破了传统农业封闭低效、自给半自给的局限性

发挥资源优势和位优势,实现了农产品优势区域布局、农产品贸易自由流通。

6.2　芜湖现代农业的发展

芜湖是皖江开发开放的龙头,是皖江城市带的双核之一,更是一座创新之城,工业化、城镇化水平不断提高,农业发展也步入快车道,以工业反哺农业的时机日渐成熟。高效发展现代都市农业,实现农业现代化与工业化、城镇化的和谐协调发展,也对提升城市整体创新水平具有重大的现实意义。全市现代农业近年来得到了长足发展,也产生了较好的经济效益和社会效益,主要类型有:精准农业、特色农业、旅游(观光)农业等。

6.2.1　精准农业

当今世界农业发展的新潮流,是由信息技术支持的根据空间变异,定位、定时、定量地实施一整套现代化农事操作技术与管理的系统。其基本含义是根据作物生长的土壤性状,调节对作物的投入,即一方面查清田块内部的土壤性状与生产力空间变异,另一方面确定农作物的生产目标,进行定位的“系统诊断、优化配方、技术组装、科学管理”,调动土壤生产力,以最少的或最节省的投入达到同等收入或更高的收入,并改善环境,高效地利用各类农业资源,取得经济效益和环境效益。

精准农业由十个系统组成,即全球定位系统、农田信息采集系统、农田遥感监测

系统、农田地理信息系统、农业专家系统、智能化农机具系统、环境监测系统、系统集成、网络化管理系统和培训系统。通过精准农业试验示范区建设,加快农业现代化进程。实现耕地方田化、灌溉节水化、种植规模化、品种优良化,旱涝保收,高产稳产。

芜湖市精准农业主要有:南陵县的水稻机械化精准种植模式应用,该项目经过4年的试验研究,目前已经进入示范推广阶段,并得到农户的欢迎和使用;芜湖市以大浦现代农业示范园为代表的智能温室、连栋温室,多采用自动增温、除湿、通风、肥水一体化操作,实现农事操作与管理自动化。

6.2.2 特色农业

芜湖市的特色农业具有经济效益高,区域特色明显,资源优势强,挖掘潜力大,发展前景广,可出口创汇等优点。

6.2.2.1 芜湖市特色农作物生产基本情况

根据我们2012年以来的调研,全市目前种植特色农作物主要有杂粮、豆类、油料、水果、蔬菜、其他类共6大类53种,种植面积121.17万亩(含复种),分布于全市4县4区36个乡镇。其中一大批地方特色农作物种植已初具规模,并在一定区域内具有较高的知名度。如无为县蜀山、泉塘的荸荠,襄安、泉塘的席草,白茆、福渡的蒌蒿,白茆的乳瓜;南陵县烟墩、何湾的野生葛,籍山、工山的蓝莓,东七的莲藕;芜湖县湾沚、花桥的甘薯、小籽花生、吊瓜;繁昌县的马坝长枣、庆大葡萄等。

6.2.2.2 芜湖市特色农作物生产特点

特色农业的实体基础就是要有特色农作物,芜湖市特色农作物生产具有以下特点:

(1)特色鲜明,效益明显

芜湖市特色农作物中有不少产品因品种优良,质量好,市场供不应求,经济效益非常好。如玉米中的黑糯、彩糯等品种,最高亩效益达到2万元;夏、秋两季种植的蒌蒿,每亩纯收入1.5万～2万元;野生葛粉每市斤售价25元,亩产值达0.5～0.7万元,如酿成葛粉酒,亩产值达万元以上;蒜薹和收获蒜头亩纯收入约0.6万元;蓝莓市场售价每市斤高达100余元,亩产值3万～5万元;冬桃在10月下旬至春节上市,占领冬季市场桃子空缺,亩产值20万～30万元,生产潜力巨大。此外,莲藕、小籽粒花生、荸荠、席草等亩纯收入均在0.3万元以上,是种植水稻收益的几倍甚至几十倍。形成了一个特定区域(行政村或自然村)的支柱产业,有利于形成特色村、专业村。

(2)品种古老,风味独特

有些特色农作物种植效益不一定特别高,但在当地有着几百年的种植历史,甚至世代相传,有着独特的口感风味,独具地方特色。如无为县蜀山、泉塘,镜湖区方村旗杆的荸荠，个大、味甜、汁多、渣少，即使市场价格高，也颇受欢迎；南陵县凤州、新光一带的小籽花生，东七的莲藕，烟墩的野生葛；芜湖县湾沚、花桥等镇的黄心山芋、小籽花生等，都有着各自古老的优质品种，形成了主导产品。

(3)工艺独特，品质上乘

芜湖县用传统工艺生产的“老梁牌”山芋粉丝口感好，有韧性，不易煮糊；用传统木榨人力加工的“老芮牌”木榨芝麻油具有特殊的香味，是机械加工产品无法比拟的。繁昌县马坝的长枣经过特殊加工工艺，制成半透明状，注册的“代冲牌”金丝琥珀蜜枣商标是安徽省著名商标。无为县白茆镇的乳黄瓜经独特的加工后，色泽亮丽，肉质脆嫩，一直是加工蔬菜中的上品；严桥花生米具有传统的加工工艺，使花生米的口感独树一帜。

(4)培优培新，活力提升

不少特色农作物都是在原有品种基础上，通过改良当地品种、引进外地优质品种，极大地改善品质，提高产量的。如水果中新种类蓝莓，5年前引进芜湖市，因口感好、又具保健价值，很快受到市场青睐；再如芜湖县2011年引进新培育成功的品种冬桃，目前全国也仅2～3个地方少量种植，特点是：花似映山红、果实玫瑰红，果重达八两，果味甜后鲜，得到品尝者的一致好评，极具发展潜力。此外，“春晓牌”小型礼品西瓜、“小金山”牌小籽花生、无籽西瓜、水果黄瓜、牛奶草莓、葡萄(提子)等特色瓜果都是通过引进特色新品种，极大地改善了品质，提升了产品档次。

6.2.2.3 发展特色农作物的建议

针对全市特色农作物生产特点及存在问题，结合芜湖市发展特色高效农业的总体要求，芜湖市发展地方特色农作物生产应遵循：挖潜地方种质、引进优良品种、培育一村一品、推广标准模式、因地制宜种植、传承独特工艺、孵化产业企业的总体发展思路。

(1)合理布局，科学发展

在制定发展规划时，要体现科学发展观。根据各地土壤、水质等自然条件，积极引导种植已有的特色品种，摸准市场需求，筛选适合本地的作物加大开发力度，加快一村一品和一镇一品建设，努力形成新的特色产业。

岗丘区：拟发展适合红黄壤种植的甘薯、花生、药材、板栗、桃、李、吊瓜、野生葛等作物。既保证品质，又不与粮争地。

纯圩区：拟发展适合圩区种植的草莓、葡萄、荸荠、大蒜、萎蒿、生姜、席草、莲藕等作物。充分发挥圩区土壤肥沃、水源充足的有利条件。

(2)优化种质，确保质量

加大对特色农作物种质资源征集、保护、开发力度，在优质种源产地建立良种繁育基地，做好提纯复壮，良种选育工作。鼓励和扶持企业或合作社建立组培中心、脱毒中心,提高无性繁殖材料质量,保障生产用种的数量和质量,壮大产业规模。

(3)政策引导,创新机制

甘薯、花生等传统农作物,一家一户小规模种植劳动强度大、效益低,大规模种植又短缺资金和人力,农户已经逐步退出市场。必须通过土地流转,由企业或合作社进行适度规模经营。通过政策倾斜、信贷扶持,发挥企业市场主体作用,鼓励和引导涉农企业、行业合作社进入小宗农作物的生产,积极探索发展的新机制。

(4)转变观念,做强特色

目前芜湖市已有少数企业涉足农业领域,总体上看投入规模不大,投资分散,种植面积有限。今后要更进一步发挥企业的营销优势,拉长产业链条,通过注册商标、申报无公害农产品、绿色食品、有机食品,提高产品档次。进市场、入超市、投广告,用工业的理念做强小宗农产品,孵化出新的产业化龙头,为发展特色高效农业,建设美好乡村服务。

6.2.3 旅游(观光)农业

目前芜湖市旅游(观光)农业发展方兴未艾,且各具特色。有的已经初具规模,有一定的知名度。比较典型的有:丫山牡丹观光,融万亩牡丹花盛开的风景与石林地理景观于一体,每年都吸引了大批游客观光;响水涧油菜花观光,将壮观的响水涧高山平湖与万亩油菜花盛开的田园风光有机结合,是春天踏青的好去处;陶辛水韵将独特的江南水乡风韵与荷花观赏相结合。此外,遍布全市各地的农家乐、采摘园、垂钓园更是星罗棋布,不断满足人们的休闲旅游需求。

6.3 芜湖农业物联网的发展

在农业生产过程中,传统农业生产方式面临着诸多挑战:农业生产避免不了天气因素的影响,如何做到恶劣天气的预警机制,从而做到提前防范减少损失?农产品生产者和市场需求之间的信息不对称,容易引发农产品滞销或人为的炒作,政府部门花很大力气去帮助促销或抑制炒作也于事无补,如何规避这一信息不对称问题?原始农业生产大都凭经验作业,缺少专家指导,在遇到病虫害、天气因素、土壤生态变化等环境参数改变时如何应对?如何在这个时候引入专家指导?农业生产过程中如何配合国家政策的宏观调控和满足市场需求?一系列问题解决的根本途径和方法,也必须依赖发展现代农业物联网技术,使传统农业向现代农业转变,向现代物联网农业转变。

物联网是当今世界新一轮经济和科技发展的战略制高点之一,我国已将物联网列为“十二五”国家重点培育的战略新兴产业。近年来,物联网技术在农业领域的广泛应用日渐深入，被专家喻为是改变中国农业的一次革命，是整体提升农业、农村、农民发展水平的新生力量。

6.3.1 芜湖农业物联网的现状

安徽作为农业大省，又是中国农村改革的发源地，以其敏锐的洞察力捕捉到了国家大力发展物联网的机遇，在全国率先开展试点，确定了全省农业物联网工程首批13个试验示范县，其中5个重点县，芜湖市南陵县被列入其中。此外，芜湖县、无为县农业物联网建设也取得了一定的成绩。

近年来，芜湖未雨绸缪，紧盯物联网技术的最新发展趋势，着力打造以精准农业物联网技术覆盖农业生产的产业链，给现代农业谋求一个全新的顶层设计。目前建成的有南陵县农业物联网控制中心，大浦现代农业物联网示范园，待建的有无为县江北农产品物联网工程项目。但由于资金不足及技术力量奇缺而无法深入进行，农业物联网的发展尚处于初级阶段。

6.3.2 芜湖农业物联网人才队伍现状

目前，芜湖农业科技领军人才仅有几个人(均为农技推广研究员，且对物联网技术了解掌握不多)，农民技术员中的农业科技领军人才也仅数人，人才队伍不健全，基层高水平人才严重缺乏，农业物联网技术人才更少，迫切需要招募相关技术人才，建立健全农业物联网人才队伍，并扎实开展新型信息化农民技术培训，为今后大规模发展应用农业物联网技术做好扎实的人才和技术储备。

6.3.3 农业物联网面临的资金问题

目前，省级财政预算安排的农业物联网工程资金主要用于省级层面农业物联网建设经费补助，芜湖市县级物联网专项资金尚未建立。物联网示范建设资金需求较大，少则几百万元，多则上亿元，全省分给芜湖的建设资金又远远不能满足项目建设需要，因此，迫切需要芜湖市尽快谋划，尽早设立农业物联网专项资金。

6.4 设施农业的发展

设施农业是指具有相应设施，能在局部范围改善环境因素，为动植物生长发育提供良好的环境条件，避免不利天气条件的影响，从而进行高效生产的现代农业。设施农业是农业工程学科最具典型的分支学科领域，属于高投入高产出，资金、技术、劳动力密集型的产业，是当今世界最具活力的高新技术产业之一，主要包括设施栽培和设施养殖两大类。

6.4.1 设施农业的现状

6.4.1.1 生产规模

全世界温室面积超过60万公顷,其中大型现代化的玻璃温室面积5万多公顷,大部分建在西欧国家。荷兰是世界上温室生产最发达的国家。现有大型连栋玻璃温室面积1.2万公顷,约占世界玻璃温室的1/4,居世界第一位。中国设施栽培面积居世界第一位,达200多万公顷,但人均占有设施栽培面积仅达到发达国家20世纪80年代水平。

6.4.1.2 设施类型

国外大多数国家以温室为主,我国以塑料大棚为主和日光温室;世界上温室应用最广泛的国家有荷兰、美国、以色列和日本等。

表6.1 主要国家农业设施的主要类型

国别	设施类型	覆盖材料	能源	栽培方式	控制系统
荷兰	大型连栋	玻 璃	天然气	基质栽培	智能化
日本	小型单栋	塑料膜	石油	基质、水培	智能化
美 国	大型连栋	玻璃、塑料膜	石油	基质栽培	智能化
以色列	小型连栋	塑料膜聚碳酸酯板	太阳能	基质栽培	智能化
中 国	塑料棚、温室	塑料膜	日光、煤	土壤栽培为主	机械化

6.4.1.3 种植结构

大多栽培园艺作物主要为:蔬菜(以果菜类、叶菜类为主)、花卉、特种水果。中国以生产蔬菜为主,部分现代温室生产种苗、水果和花卉。

6.4.2 设施农业发展趋势

6.4.2.1 设施大型化

温室面积呈扩大趋势,20世纪80年代末以来,各国新建温室多为大型现代温室。

6.4.2.2 种植多样化

除园艺作物外,能产生高附加值的香料作物、工业用原料植物、药用植物等也已成为温室栽培的主要品种。

6.4.2.3 产品特色化

以花卉生产为例,荷兰在花卉种苗、球根花卉、鲜切花方面占有绝对优势,其切花出口量占世界切花出口总量的71%；美国：盆花、观叶植物生产方面领先世界；以色列、西班牙、意大利等国为温带切花方面实现专业化、规模化生产。

6.4.2.4　布局区域化

由于能源、土地和劳动力成本的不断提高，温室产业逐步向气候条件优越、生产成本低的地区转移。

6.4.3　设施栽培方式在生产中的运用

6.4.3.1　促成栽培

在寒冷季节中，使园艺作物生长发育全过程都在保护设施内完成的一种栽培方式。促成栽培必须在生产设施比较完善（特别是有加温设备）的设施内进行，如塑料棚、温室等。

6.4.3.2　早熟栽培

促使蔬菜等提早成熟的栽培方式，又称半促成栽培。即园艺作物生长的前期（早春）在保护设施内生长，后期在露地生长。早熟栽培必须采用抗寒性强、低温条件下坐果率高的品种，并根据园艺作物的生物特性及适宜苗龄，确定播种适期。

6.4.3.3　越夏栽培

在炎热多雨的夏季，采用遮阴降温、防雨等设施，使园艺作物正常生长发育的保护栽培方式。越夏栽培多用于秋菜的育苗以及8、9月份蔬菜供应淡季生产新鲜蔬菜。

6.4.3.4　延后栽培

在秋季延长园艺作物收获期的保护栽培方式。通常夏末秋初育苗，秋末降霜前进行覆盖保温，使产品在冬季供应市场。如秋延番茄、辣椒等。

6.4.3.5　软化栽培

将某一生长阶段的园艺作物栽植在黑暗（或弱光）和温暖潮湿的环境中，生长出具有独特风味产品的保护栽培方式。软化栽培的产品叶绿素含量低、组织柔嫩、具有较高的商品价值。适宜软化栽培的蔬菜主要有：葱蒜类（韭菜、大蒜、葱等）、豆类（豌豆、绿豆、大豆）、叶菜类（芹菜）等。

6.4.3.6　无土栽培

不用天然土壤而采用营养液或（和）基质栽培作物的方法。

6.4.3.7　水稻育秧工厂

这是设施栽培中比较新型的用途，专门用于水稻育秧。从2012年在全省试点以来,安徽省大力推进标准化育秧工厂建设步伐。省农委省财政厅出台多个文件,要求水稻产区大力实施,并提出了标准化育秧工厂建设标准,即每座标准化育秧工厂需按集中育供秧能力,保证2000亩以上大田栽插的规模进行标准配置。要求:一是建设育秧厂房。包括建有室内流水线播种操作间200平方米以上,晒场200平方米以上,方便开展自动化播种作业。二是建设育秧大棚。钢架大棚总面积10000平方米以上,配置相关喷(滴)灌设施,用于流水线播种后绿化育秧。三是配备相关设备和材料。包括购置集中育秧播种流水线2套以上,以及配套的碎土机械、自动化播种育秧盘、运输和插秧机械等。四是必要的技术保障。育秧工厂配备有相对稳定的农技和农机专业技术人员,现场指导育秧作业,培育机插壮秧。

6.4.4 塑料大棚(温室)的建设要求

塑料大棚(温室)是芜湖市目前在生产中运用最多,面积最广的现代设施农业种类。主要用于蔬菜生产、特色水果生产、水稻育秧工厂、特种养殖等方面,在生产中发挥了重大作用。在建设塑料大棚(温室)过程中,应考虑以下方面内容:

6.4.4.1 场地的选择

(1)地势平坦,避风向阳。场地的东、南、西三面应无高大建筑物或树木。丘陵地区要避免在山谷风口处或窝风低洼处建棚。在只能选择坡地时,宜选用南坡。

(2)土壤肥沃,排水良好:选用地下水位低,富含有机质的肥沃土壤。切勿在地下水位高处建棚,否则早春地温回升慢。在稻田建棚,四周深开排水沟,降低地下水位。

(3)靠近水源,交通方便。

6.4.4.2 规划布局

(1)方位选择:南北向,偏西,偏角在15°以内。一般南北向大棚透光量较东西向多5%～7%,且光照分布较均匀,棚内白天温度变化较平缓。

(2)棚间距离:两棚之间保持1.5米距离;前后两排间距4米以上,以利通风、作业、开沟排水及避免相互遮阴。

(3)棚群布局:大棚群应建在南北向主路的东西两侧,各侧大棚群体分成数个单元,单元间设有纵横道路,宽4～6米,保证双排货车能够通过。

6.4.5 现代设施农业的气象灾害

现代设施农业虽然能在一定程度上抵御气象对农作物的不利影响,保障设施内农作物顺利生长,并增加收益。但极端恶劣的气象因素,可破坏或摧毁现代设施农业。比较典型的气象灾害主要有:大风、降雪、寡日照、强降温、暴雨带来的洪涝等。

6.4.5.1　现代设施农业的气象灾害

(1)大风：一般风速达到8级以上时，就将对设施农业产生危害，若防御不当，棚膜会被撕裂，损坏大棚设施，降低或破坏棚设的保温性，使棚设中的作物遭受强风、低温等灾害，造成严重甚至毁灭性的危害。

(2)降雪：积雪或大雪、暴雪，对大棚蔬菜生产的影响是多方面的：一是机械损坏。由于雪的重力作用，积雪过厚，往往可将结构不坚固的大棚压垮。据测算，当积雪厚度为20厘米左右时，每平方米雪可达20千克，每亩大棚的棚顶雪压重可达13吨以上。如此沉重的负担对于竹木结构等简易大棚来讲是难以支撑的，很容易造成损坏。二是光照不足。雪天本身没有阳光，再加上为了棚室保温，棚外又要加盖若干层草苫子等覆盖物，使棚内光照严重不足，光合作用无法进行。三是冻害。俗话说："下雪不冷化雪冷。"降雪过后往往伴随着低温，管理不当易使大棚蔬菜遭受冻害。降雪主要出现在12月至翌年1月，其他时间一般不会出现，比较突出的是2008年。

(3)寡日照：基本呈现出3～4年的周期性变化，且较为频繁，进入21世纪后呈现出明显减少的趋势，但2014年就出现了长达40多天的持续连阴雨、寡日照天气，影响了农业生产。

(4)强降温：气象因素进行统计分析结果表明：温度是影响设施农业作物生长的重要气象要素之一，如棚室内温度降低，大部分植株生长速度会减缓，严重时可能出现冷害、冻害，甚至植株死亡，进而影响产量的形成。强降温主要发生在12月至翌年2月，自20世纪90年代开始，呈现出明显减少的趋势。

6.4.5.2　现代设施农业的气象灾害的防控措施

针对本地的气候特点，在设施农业的发展方向、作物种植结构、品种类型、防御灾害的重点等应作相应的调整。如未来暖冬现象比较突出，应大力发展和扩大新型高效节能设施建设；强降温、寡照灾害减少，应选择较多长日照、新品种等多元化、高效益作物；雪与大风突出，更应加强防范意识，重点要抓好棚设内外的管理及防冻害措施。其次，气象部门、植保部门、农技推广部门、农业管理部门等要加强合作，齐抓共管，共同努力，才能实现设施农业的可持续发展。

第 7 章 气象条件与畜牧生产

气象条件与畜牧业生产关系密切，对畜禽繁殖、引种、疾病防治、放牧和舍饲、牧草生长以及畜禽产品的储藏、运输、保鲜都有影响，本章重点介绍气象条件与畜禽饲养管理、畜禽引种与繁殖、畜禽疫病、畜禽养殖场规划以及饲料储存等方面的知识。

7.1 气象条件与畜禽饲养管理

气象因素直接影响畜禽的饲养管理，畜禽品种不一，影响程度不同，但机理是一致的。

7.1.1 温度、湿度、光照对畜禽的影响

温度：温度是影响畜禽生长的主要而且直接因素，环境温度直接影响着畜体的热调节，通过热调节影响畜禽健康状况、生产性能和生长速度。在炎热环境中，畜体散热困难，引起体温升高和采食量下降，从而导致生产力下降；在寒冷的条件下，畜体散热过快，为维持体热平衡，需消耗大量的饲料产热，导致生产力的下降。畜禽在适宜的温度下，生长快、饲料报酬高，生长阶段不同，适宜生长的温度不同。温度突变或过高过低都会引起畜禽发病。

湿度：湿度是表示空气中水分含量多少的尺度，湿度大小对畜禽生产性能有一定影响，湿度是和温度一起发生作用。低温高湿，增加散热量，加速寒冷；高温高湿，妨碍散热，加剧高温的危害。如环境温度适宜，即使湿度从 45％上升到 95％对猪增重亦无明显影响。湿度的影响主要表现在改变体感温度和空气质量上，畜禽适宜的空气湿度一般为 45％～70％。家禽育雏期湿度最为重要。

光照：在一定条件下，畜禽舍都是自然采光，就是让自然光线通过畜禽舍开露部位和门窗进入舍内。不同类型的畜禽舍采光能力差异很大，舍内的光照强度因之各不相同。棚舍无墙，光线从四面进入，因而光强度较大；封闭舍采光只能通过门窗进入，光照强度自然就弱多了。所以，在建畜禽舍时要根据饲养畜禽的不同需求，合理的设计建造畜禽舍(开放式、半开放式、封闭式)，并进行自然采光和合理人工给光。光照对鸡影响极大，特别是蛋鸡对光源性质和光照强度都有着特殊的敏感性和反应性，鸡在红光下趋于安静、啄癖少，成熟期略迟，产蛋量有所增加，蛋的受精率较低，在

蓝光、绿光或黄光下鸡增重较快，成熟较早，但产蛋量少，蛋略大。光色对家畜影响不大。

7.1.2　畜禽适宜的温湿度范围

各类畜禽都有其适宜的温度和湿度范围。适宜的温度湿度，有利于畜禽的健康生长，有利于提高饲料报酬、增加养殖效益。为畜禽营造符合不同生长阶段的温度、湿度是畜牧生产要解决的基本问题。下面介绍芜湖市主要畜禽品种蛋鸡、肉鸡、肉鸭以及生猪的适宜温度湿度，供养殖户参考。

7.1.2.1　蛋鸡适宜的温度、湿度

蛋鸡产蛋期间适宜温度13～20℃，13～16℃时，产蛋率最高，当温度超过21℃时，每升高1℃产蛋率下降0.5%，在25～30℃之间，温度每升高1℃，产蛋率下降1.5%，蛋重减轻0.3克，冬季舍温9～12℃可不必采暖，夏季超过23℃，要采取降温措施。产蛋的成年鸡适宜温度5～28℃（见表7.1）。

表7.1　各周龄蛋鸡的适宜温度、湿度、光照

<table>
<tr><th>蛋鸡</th><th>年龄</th><th>适宜温度(℃)</th><th>适宜湿度(%)</th><th>光照</th></tr>
<tr><td rowspan="7">育雏</td><td>1～3日龄</td><td>35～37</td><td rowspan="7">60%～75%</td><td rowspan="9">1～3日龄每天光照23小时，4～14日龄每天光照18小时，以后每周缩短1小时左右，到20周龄时，可将光照缩短到10小时左右。
育成期保持光照时间以每天8～9小时为最好，切忌用逐渐增加光照的办法，光照强度以鸡能看见觅食为好。这样既省电又防止啄癖发生而且防止蛋鸡过早成熟光照只能延长。
产蛋期间光照原则：不可缩短，光照时间，逐渐增加到16小时每天。从18周龄开始，每周增加半小时，到22周龄增加到16小时每天，到产蛋后期，增加至17小时。</td></tr>
<tr><td>4～7日龄</td><td>33～35</td></tr>
<tr><td>2周</td><td>31～33</td></tr>
<tr><td>3周</td><td>28～31</td></tr>
<tr><td>4周</td><td>24～28</td></tr>
<tr><td>5周</td><td>22～25</td></tr>
<tr><td>6周</td><td>20～23</td></tr>
<tr><td>育成鸡</td><td>7～20周龄</td><td>最佳生长温度为21℃左右，一般控制在15～25℃左右</td><td>育成期：保持50%～60%</td></tr>
<tr><td>产蛋鸡</td><td>21周以后</td><td>产蛋适宜温度为13～20℃，最高不超过29℃，最低不低于5℃，13～16℃产蛋率较高。</td><td>产蛋期：最佳湿度应60%～65%，生产中采用室内放生石灰块等办法降低舍内湿度，通过空间喷雾提高舍内空气湿度。</td></tr>
</table>

7.1.2.2 肉鸡适宜的温度、湿度

1～4 日龄温度保持在 32～35℃，湿度 65%～75%，5～7 日龄保持在 30～32℃，以后每周下降 1～2℃，到第三周周末降至 26℃左右，直到 23～21℃，停止降温，并保持这一温度，湿度保持在 50%左右。饲养肉鸡，即使夏季，刚出壳的雏鸡也要保温，最初几天，也要有 32℃以上的温度，鸡舍湿度对肉鸡饲养影响很大，因为湿度过大，病菌和虫卵繁殖得快，常见的曲霉菌病和球虫病就是潮湿过大造成的。鸡舍温度低，潮湿大，鸡就感觉到冷。鸡舍的温度、湿度要相互对应。一般如果育雏湿度 75%，则一日龄温度 33℃即可，如果湿度 70%则温度需要提高到 34℃，湿度每下降 5%温度需增加 1℃。现在大多育雏温度高于 35℃，湿度低于 60%，鸡苗脱水比较严重。在实际生产中，温度的高低应根据实际情况随之改变，体感温度与温度计显示温度相结合看鸡施温(见表 7.2)。

表 7.2 各日龄肉鸡的适宜温度、湿度、光照

时间	温度(平养)	湿度	光照
1～2 日龄	33～35℃	75%	24 小时(40 瓦照明灯)
3～4 日龄	32～33℃	65%～70%	24 小时(40 瓦照明灯)
5～7 日龄	30～32℃	65%	22 小时(40 瓦照明灯夜间停 2 小时)
8～14 日龄	29～30℃	55%	22 小时(40 瓦照明灯夜间停 2 小时)
15～22 日龄	26～28℃	50%～55%	22 小时(15 瓦照明灯夜间停 2 小时)
23～26 日龄	25～26℃	45%～50%	22 小时(15 瓦照明灯夜间停 2 小时)
27～34 日龄	23～25℃	40%～45%	22 小时(15 瓦照明灯夜间停 2 小时)
35 日～出栏(45～52 日龄)	21～23℃	40%～45%	24 小时(15 瓦照明灯)

7.1.2.3 猪适宜的温度、湿度

猪性别不同，日龄不同，其最适宜的温度、湿度也不相同(见表 7.3)。

表 7.3 各周龄猪的适宜温度、湿度

<table>
<tr><th>猪只</th><th>年龄</th><th>最佳温度(℃)</th><th>适宜温度(℃)</th><th>适宜湿度(%)</th></tr>
<tr><td rowspan="5">仔猪</td><td>初生几小时</td><td>34～35</td><td>32～36</td><td rowspan="3">60～75</td></tr>
<tr><td rowspan="2">1 周内</td><td rowspan="2">32～35</td><td>1～3 日龄 30～36</td></tr>
<tr><td>4～7 日龄 28～36</td></tr>
<tr><td>2 周</td><td>27～29</td><td>25～30</td><td rowspan="2">60～80</td></tr>
<tr><td>3～4 周</td><td>25～27</td><td>24～30</td></tr>
</table>

续表

猪只	年龄	最佳温度(℃)	适宜温度(℃)	适宜湿度(%)
保育猪	4～8 周	22～24	22～30	60～80
	8 周后	20～24	20～30	
育肥猪		17～22	15～28	
公猪	成年公猪	23	15～28	
母猪	后备母猪	18～21	15～28	
	前、中期妊娠母猪	18～21	15～28	
	后期妊娠母猪	18～21	15～28	
	分娩后 1～3 天	24～25	21～28	

7.1.2.4　肉鸭适宜的温度、湿度

调节温度的原则以鸭群的状态为依据，不要拘泥于温度高低，切记忽高忽低，避免温差过大。育雏舍温高时，水分蒸发快，此时相对湿度要高些，育雏期间应以保温为主(见表 7.4)。

表 7.4　各日龄肉鸭的适宜温度、湿度、光照

时间	温度(网床旱养)	湿度	光照
1～3 日龄	30～33℃	70%	第一周 24 小时，每 10 平方米 40 瓦照明灯 1 个。第二周开始逐渐降低光照强度，适当给鸭晒太阳
3～10 日龄	27～30℃	65%	
11～15 日龄	24～27℃	60%	
16～20 日龄	20～24℃	55%	
20 日龄以后	18℃以上	50%	

7.1.3　极端天气(高温高湿和寒冷天气)畜禽饲养管理

在高温高湿夏季以及寒冷冬季养殖场要加强饲养管理，为畜禽营造适宜的温湿度，减少疾病，提高效益。

7.1.3.1　冬季畜禽饲养管理

芜湖市冬季寒冷，1 月份最冷，平均气温仅 3℃，极端气温 −10℃，需加强畜禽饲养管理。

(1)做好防寒保暖工作。1.修理畜禽舍。入冬前，对畜禽舍要进行检修，堵塞屋顶及四壁缝隙，用塑料布或草帘将门窗覆盖，以保暖御寒，通风孔应距离地面 1.5 米以上，以保持室温的相对稳定。2.加大饲养密度。在不影响管理和舍内卫生状况的条件下，适当加大舍内畜禽的密度，以增加热源。3. 增加垫草。利用垫草改善畜体周围小气候，是一种简便易行的防寒措施。铺垫草不仅可改进水泥地面冷硬环境，而且还可以吸湿除潮，吸收有害气体，更重要的是，垫草可在畜体周围形成温暖的小气候，其保温效果优于隔热地面。有些地区在栏舍内铺上 10 厘米厚的锯木屑再加入发酵剂，其发酵温度可达 35℃，使舍内温度提高。冬季发酵床养殖，舍内温度可达 20℃。对于采用漏缝地面养殖的家畜（如羊）则不宜进行垫草保温。4. 防止潮湿。垫草远离水槽（龙头），要勤换，粪便及时处理，保持一天一次，在能够保持较为合适的舍温条件下，通过加大通风量来排湿，一般选择午间进行，不超过半小时。5. 窗户上应尽量采用玻璃或透明塑料，让太阳光通过，阻留舍内物体散发出的热量，形成"温室效应"，使舍温升高。6. 控制通风。进气口与排气口设置合理，防止气流过大，气流均匀流过全舍而无贼风。进入舍内的气流应由上而下不直接吹畜体，通风换气宜在中午前后进行，每次时间不超过半小时。

（2）做好采暖工作。成年畜禽只要做好舍内防寒保暖工作，基本上可以利用自身产生的热量维持适当的舍温。由于幼畜、雏禽热能调节机能不全，需要较高的舍温，因此在冬季对产仔舍、幼畜舍育雏舍要实行采暖。舍内采暖分集中采暖和局部采暖。集中采暖由一个集中的热源（锅炉或其他热源），将热水、蒸汽或预热后的空气，通过管道输送到舍内或舍内的散热器。局部采暖则由火炉、电热器、保温伞、红外线灯等就地产生热能。芜湖市小规模养殖户多以局部采暖为主，仔畜利用红外线照射取暖，一般一窝一盏；育雏则采用保温伞，每 800～1000 只雏禽一个。有些养殖场也按 2～4 窝用一个保温伞给仔畜取暖。在母畜分娩舍内采用红外线照射仔畜比较好，既可保证仔畜所需的较高温度，又不影响母畜。芜湖市规模较大养殖户，尤其是肉鸡蛋鸡养殖场基本集中采暖。

（3）注意饲料和饮水的供应。适当提高畜禽日粮中能量饲料含量，并充足供给，有条件的场，每晚再加喂一次。放牧畜禽，一般早上 8—9 点开始放牧，太阳下山前赶回；放牧时，要勤赶勤哄，以增加畜禽的活动，促进食欲；收牧时，根据进食情况适当进行补饲。冬季饲喂块根、块茎等多汁饲料前，应仔细检查，剔除腐烂变质的部分。供给足量的清洁温水，避免温度过低的饮水，否则刺激畜禽肠胃，易引发胃肠炎、臌气、下痢等胃肠疾病以及妊娠母畜流产。

（4）延长人工光照时间。光照是构成畜禽舍环境的重要因素，直接影响到畜禽的健康和生产力，对家禽影响更为显著。冬季日照时间短，对于主要靠自然采光的开放式或半开放式的畜舍，需要延长人工照明的时间，以补充自然光照的不足。人工照明一般以电灯作光源，白炽灯或荧光灯均可。荧光灯耗电量少，光线比较柔和，畜禽舍内装设白炽灯时，以 40～60 瓦为宜，不可过大。

（5）做好卫生防疫工作。冬季应经常打扫畜禽舍，并进行消毒，保持清洁、干净、卫生，切断疾病传染源；同时，还要做好免疫接种工作，防止畜禽疫病发生；要注意防治消化道疾病、呼吸道疾病、传染病，特别要做好口蹄疫、猪瘟禽流感等恶性流行性疾病的防治工作，保证畜禽安全、健康越冬。

7.1.3.2 夏季畜禽饲养管理

夏季高温高湿，要根据所饲养的畜禽品种及其各生长阶段的生理特点加强综合饲养管理。

(1)要做好防暑降温工作。采取各种措施降低畜禽舍外部环境及畜禽舍内的温度，如搭建遮阳棚，种植树木等给畜禽营造良好的饲养环境；用水帘、负压通风、屋顶喷洒冷水等进行降温，适当降低饲养密度，减少单位面积的畜禽饲养数量，降低舍内温度。

(2)要注意畜禽饲料和饮水的质量，科学饲喂。盛夏时期，应降低日粮中的能量饲料，相应提高蛋白质水平。多喂含维生素、矿物质丰富的青饲料和轻泻性的皮等清凉饲料，在精料中加点咸味、鲜味和香味等调味剂，提高饲料适口性。所喂饲料必须新鲜清洁，切忌喂给霉烂变质饲料。在日粮中添加碳酸氢钠(小苏打)，或其他预防中暑的药物。清晨和傍晚时间进行饲喂，白天少喂，晚上加喂增加采食量大。

(3)搞好防疫和卫生消毒工作。舍内粪便及时清除冲洗，真正保持舍内环境卫生。要注意消毒和防疫工作，定期进行喷洒消毒，门口要有消毒设施，人员和车辆出入要消毒，尽量做到环境无菌无毒的程度，使一些细菌性及病毒性传染病的发生无可乘之机。同时，还要特别注意驱除蚊蝇以防止传播疫病。

(4)要尽可能减少应激刺激，如驱赶、换料等，还要高度关注当地天气，提前做好防范暴雨、冰雹、大风等灾害性气的准备。

7.2 气象条件与畜禽引种和繁殖

7.2.1 气象条件与畜禽引种

畜禽引种是将优良的畜禽品种从甲地引到乙地进行繁殖和饲养的过程，是一项基础性工作。畜禽良种只有在适宜的气候环境条件下才能充分发挥优势。因此从外地引种时既要掌握所引进畜禽的生物学特性，又要根据农业气候相似原则分析原产地与引入地区的气候异同，以提高成功率。在芜湖市的养殖户中，因引种准备不足，带来经济效益受损的案例屡见不鲜。正确地引种应当做到以下几方面。

(1)引种目的要明确，避免盲目性。由于自然条件对物种特性有着持久和广泛的影响，所以引种前应认真研究引种的必要性和可能性，避免盲目性。应根据生产需要，确定引进的品种，一般一个养殖户以饲养1～2个品种为宜。

(2)实地考察,正确选择品种。畜禽的适应性虽然是一个复合性状,但却直接影响生产力的发挥,因此引种要因地制宜,必须根据当地气候(芜湖市属亚热带湿润季风气候)、环境等实际情况选择适宜的品种。本地与原产地纬度、海拔、气候、饲养管理等方面相差不远,引种容易成功;育成历史久、分布地区广的品种,一般都具有较强、较广泛的适应性,引种容易成功;从炎热地区引种到寒冷地区比从寒冷地区引种到炎热地区容易成功。引种前到准备输出地进行品种、性别、数量、生产情况调查,并对所在地区及周围易感动物疫情进行必要了解,引种容易成功。若输出、输入地环境条件相差较大,则应特别注意引入后的本土驯化,要充分做好为引入品种提供适宜培育条件的准备。输出、输入地环境条件相差较大,引种后饲养管理难度大,一般不建议引种。

(3)确定引种季节,增加品种适应性。引种最好安排在春秋两季。春秋两季气候温和,同时畜禽可有一个逐渐适应的过程,是引种的黄金季节。从寒冷地区引至温热地区以春季为好,从温热地区引至寒冷地区以秋季为宜。

(4)降低应激反应,提高引种成活率。选择晴好天气调运,给以充足饮水,尽量减少不良刺激,降低应激反应,做好防暑降温(防寒保暖),最好能携带一些原产地的饲料,以供途中或初到新地区时饲喂。

(5)加强饲养管理,进行适应性锻炼。引入初期的饲养管理,是引种成败的关键环节。引入畜禽单独饲养,隔离观察,要确定专人照看。应依照原产地的气候、饲养习惯等创造良好的饲养管理条件,要加强适应性锻炼,让引入畜禽逐渐适应本地的自然环境。预防地方性传染病和寄生虫病,使引入畜禽在本地健康生活。

除了以上几方面,引种还要查看系谱,确保引进品种的纯度,要办理引种证明,要进行严格的运前、运后检疫,从而达到引进的品种既合法,又能发挥良好的效益,同时又不带入疫病。有条件的地方请当地畜牧部门前往原产地考察引种。

7.2.2 气象条件与畜禽繁殖

7.2.2.1 气象条件与繁殖的关系

牲畜繁殖与气候条件的关系十分密切,我国各地饲养的牲畜大体上适应了本地区的气候条件,特别是在本土饲养的牲畜,其繁殖与当地的气候条件基本相适应。从牲畜的发情规律来看,北方和青藏高原较寒冷地区,牲畜的发情规律受气候条件制约,表现出明显的季节性,而温暖的南方和低纬度地区,冬季不那么寒冷,饲料又可得到补充,牲畜季节性发情规律不明显。例如我国浙江一带,猪、牛、羊等牲畜一年四季均可发情。牲畜产仔对气候条件的要求因畜种而异。牲畜配种对温度有要求以外,对天空状况、相对湿度、风力等气象条件也有要求。一般来讲,配种要求天气晴朗少云、相对湿度30%～50%,风力在4级以下。连阴雨大风、冷雨、湿雪等天气,对牲畜的发情、配种都会造成不良影响，甚至会使母畜的发情完全停止。因此了解当地的气候条件和特点，掌握牲畜的发情配种规律，对于提高配种的受胎率和仔畜成活率都具十分重要的意义。

7.2.2.2 气象条件对种猪繁殖性能的影响

成年公猪适宜的环境温度18～20℃，温度稍低对公猪的繁殖性能影响不大，高温导致公猪性欲降低以及精液品质下降。高温环境公猪约有25%～30%出现繁殖机能生理性障碍，当环境温度高于33～35℃时，公猪内部体温超过40℃，则会导致睾丸温度升高，使精液品质下降，表现在精液中精子数减少，活力降低，畸形率上升，公猪受到高温应激后1～2周开始，精液品质下降，一般高温后7～8周精液品质恢复正常。母猪繁殖最适宜的温度为16～22℃。温度超过26℃，母猪生产性能有不同程度下降，高温使小母猪性成熟延迟，发情周期延长，发情持续期缩短；高温降低母猪的受胎率，母猪配种前后1～3周对高温特别敏感，妊娠前期受热应激可导致流产。母猪冬季(12—2月)受胎率最高，7—9月份受胎率最低。另外气象中的其他因素如高湿及雷电等应激因素，也导致公猪精液质量下降，母猪采食量下降、奶水减少，母猪无乳综合征上升、返情明显增加，弱仔、死胎上升，产活仔数减少，严重影响猪场的经济效益。提高种猪繁殖成绩是实现养猪业高产、高效的最基本和最有效的途径，养殖场一定要加强种猪饲养管理，营造适宜的环境条件，提高产仔率。

7.2.2.3 气象条件对种羊繁殖性能的影响

近年来芜湖市羊的养殖快速发展，下面简单介绍羊繁殖需要的条件，仅供参考。羊在配种时，以环境气温8～12℃为宜，当气温超过20℃时，羊的性欲受到抑制，受胎率也明显降低；环境气温高于30℃时配种，胚胎死亡率较正常情况高于25%～85%；如果环境气温高出35℃时，公羊的精液质量将发生恶化，基本失去授精能力。因此，为了提高羊的受胎率，配种时间多选择在傍晚或早晨。

7.3 气象条件与畜禽疾病

气象条件是畜禽生态环境中的重要物理因素。气象因素不仅直接作用于畜禽机体，而且可以通过饲料和饲草间接作用于畜禽，同时，病原微生物和寄生虫与周围生态环境存在着密切的关系，如气温为病菌繁殖和产生毒素创造了有利的环境条件，因此，畜禽疾病的发生、发展和消亡的过程，则与天气和气候紧密相关。疾病发生的季节性及气象因子的关系就某些疾病的流行病学来看，呈现季节性的特点，这是与病原微生物和吸血昆虫的生态学有密切关系。

7.3.1 常见畜禽一类疫病的发病季节和流行特点

(1)口蹄疫:易感动物多,猪、牛、羊等多种偶蹄动物均可感染。潜伏期短、发病率高、流行猛烈。动物感染后仅需十几个小时就可发病排毒,传播迅速,发病率高达100%。仔畜常因心脏受损死亡率高。感染性和致病力特别强,病畜的任何部位均可排毒,排到环境中的病毒,可在污物中存活数月之久,具有极强的抗环境能力。在老疫区,可成为常在性疫源,每隔三五年呈暴发态势流行一次。病原变异性极强,传播途径复杂。传染源主要为病畜或带毒家畜,通过排泄物、分泌物和呼出的气体等途径向外排毒,污染的饲料、饮水、垫料、用具、环境、土壤等都是重要的传播媒介,也可通过气源远距离传播。病毒对高温和光照的耐受性较差。高温、光照(紫外线)对病毒有毁灭性的作用。一般盛夏较少发生,寒冷阴湿的秋末冬春季节常发生流行。

(2)高致病性蓝耳病:本病呈区域性流行,一年四季均可发生,高热、高湿季节发病明显增加。不同日龄、不同品种的猪均可发病。发病急、传染性强、发病率高、治疗效果差、死亡率高,病程7～15天。在同一猪群中,猪蓝耳病病毒存在持续感染,病毒可在猪群中生存、循环及再次传播。

(3)猪瘟:各种品种、年龄猪都易感,病猪和带毒猪是传染源,通过粪、尿和各种分泌物排毒,感染途径主要是消化道和呼吸道,此病具有高度传染性,发病无季节性,一年四季均可发生,但以冬春季节高发。

(4)鸡新城疫:主要感染禽类,鸡最易感,不同年龄、品种和性别的鸡均能感染,但雏鸡比成年鸡易感性更高。珠鸡、火鸡、雉、孔雀也能感染。鸭、鹅对本病毒有抵抗力,但常呈隐性或慢性感染,成为重要的病毒携带者和散播者。本病主要传染源是病鸡和带毒鸡的粪便及口腔黏液。被病毒污染的饲料、饮水和尘土经消化道、呼吸道或结幞传染易感鸡是主要的传播方式。空气和饮水传播,人、器械、车辆、饲料、垫料(稻壳、垫草等)、种蛋、幼雏、昆虫、鼠类的机械携带,以及带毒的鸽、麻雀的传播对本病都具有重要的流行病学意义。不受季节温度的影响,任何季节都可发生,尤其冬春季流行普遍。

7.3.2 夏季生猪常见病

盛夏酷暑季节的高温高湿环境条件,不仅有利于病原微生物的生长繁殖,同时还造成动物机体抵抗力下降,因此容易诱发动物疾病,对养猪业构成很大威胁。夏季常见的猪病有中暑、感冒、呼吸道感染(如:猪肺疫、副猪嗜血杆菌病、猪繁殖与呼吸障碍综合征等)、消化道感染(如:仔猪副伤寒、仔猪黄痢、仔猪白痢和仔猪水肿病等)、虫媒疾病(如:乙型脑炎、弓形体病和附红细胞体病等)以及霉变饲料中毒等,另外,近几年来还流行链球菌病、附红细胞体病和弓形体病等,必须引起养猪户的高度重视。饲养密度过高、通风透气和防暑降温措施不良、饲料配制不当、卫生管理差、基础免疫不牢固、消毒措施不到位和防疫隔离措施不严等是造成农村散养户和小型养猪场发生疫病的主要原因。

7.3.3　夏季猪病防治技术的基本要点

(1)强化饲养管理。一是要降低饲养密度,以利于猪体散热;二是要保持圈舍通风透气,加强防暑降温措施,保证猪圈清洁、干燥;三是给猪只提供充足的清凉饮水,每天向猪群提供2～3次含电解多维的饮水;四是合理调配饲料,尽量多饲喂青绿多汁饲料,避免使用霉变饲料。

(2)严格消毒隔离措施。夏季每天在清扫猪圈后都要喷洒消毒药,特别要注意对饲料槽、饮水器、排粪口、猪床和圈墙等处的消毒。要避免生猪运销人员和家有病猪的人员随意进出养猪圈舍。

(3)加强基础免疫。根据猪场疫病情况,制定合理的免疫程序,猪瘟和高致病性蓝耳病一定要免疫。

(4)对症治疗。在保证饲养管理、免疫、消毒措施到位的基础上,对发病猪只采取对症治疗,可辅以清热凉血败毒和通便宽肠的中药制剂。

(5)严格处置病死生猪。要按照不宰杀、不食用、不贩卖、不转运、不丢弃,一律作无害化处理("五不一处理")的要求处置病死生猪。

7.3.4　夏季中暑的预防和治疗

7.3.4.1　猪中暑的预防和治疗

芜湖7—8月份最热,平均气温28℃,极端气温接近40℃,容易引起中暑。中暑是日射病和热射病的总称,日射病是指猪过久的暴露在日光直接照射下,引起生理体温升高,皮肤过热、增温,从而使皮肤血管扩张。头部过热,导致脑及脑膜充血,最后导致猪只脑皮层调节机能与生命中枢紊乱。热射病是由于外界温度过高或环境湿度增高,使机体散热困难,皮肤血管充血,毛细血管网循环衰竭,而发生心机能不全,脑被动充血,脏器发生水肿,心肌、肝、肾出现实质性营养不良,体温持续上升,最后死亡。尤其是被毛粗厚,肥胖、心肺机能不全,对热适应力差的猪,更易诱发此病。猪中暑常发生在建设不合理的猪舍、炎热天气卖猪、购猪等时段,给养猪经济带来损失,如何防控猪中暑,十分关键。

(1)猪中暑临床症状:发病急剧,病猪可在2～3小时内死亡。病初呼吸紧促,眼结膜充血或发绀,体温升高至41～43℃以上,步态不稳,口吐泡沫,食欲缺乏,有饮欲,常出现呕吐。最后昏迷,卧地不起,四肢乱划,因心肺功能衰竭而死。

(2)预防:合理建设猪舍,建设通风散热性能好的猪舍,可在猪舍外围搭建遮阳篷,防止猪只受火热太阳侵袭。猪舍内,配置降温设施,如水帘、喷雾降温、滴水降温、冲洗淋雨降温,建议在炎热夏季高温时段,每隔两小时育肥舍冲洗一次,购进猪、卖猪时,应选在早晚进行,防止中暑发生,同时在猪只饮水中添加小苏打 0.3%,维生素 C 5 克左右。

(3)中暑的用快速急救方法:一旦猪出现中暑症状,则需要采取相应的快速急救措施。

放血疗法:猪发生急性中暑后,应迅速将中暑猪转入到通风阴凉处,可剪去中暑病猪的耳尖或尾尖放血 100～200 毫升,同时每头病猪用十滴水 5～10 毫升兑适量的清水内服,并静脉注射复方氯化钠注射液 200～500 毫升。凉水疗法:如中暑病猪的体温过高则应以物理性降温为主,可用冷湿毛巾敷在中暑病猪的头部或左胸心区,也可用凉水或自来水浇淋中暑病猪的全身、头部和胸部,或用凉水或自来水给予中暑猪进行直肠灌注降温,直到病猪的体温下降到 38.5～39℃为止。若猪有心律失常、呼吸急促等现象,可肌肉注射肾上腺素 2 毫升或安钠咖 20 毫升。刺激疗法:对发生中暑后处于昏迷状态的病猪,可用适量的生姜汁、大蒜汁或氨水放置于病猪的鼻前,任其自由吸入,以刺激猪的鼻腔,从而引起猪打喷嚏,促使其苏醒,同时皮下注射安钠咖注射液 5～10 毫升或尼可刹米注射液 2～4 毫升。中药疗法:猪中暑后,可用鱼腥草、野菊花、淡竹叶各 100 克,橘子皮 25 克,煎水给中暑病猪内服;或用六月霜、车前草各 100 克,香藿、藿香各 25 克,煎水给予中暑病猪内服;或用鲜马莲根 50～100 克,洗净后煎水,去渣,一次性给病猪内服。

7.3.4.2 鸡中暑的综合防治

(1)中暑症状:鸡因遭受强烈的太阳辐射或高温刺激,会导致中暑。鸡中暑后,通常表现为张口呼吸,而且呼吸艰难,部分鸡喉内发出显然的呼噜声,采食量下降,部分绝食,饮水大幅增长,精神萎靡,活动减少,部分鸡卧于笼底,鸡冠发绀,体温高达 45℃以上;轻则影响生长和产量,严重时可迅速导致死亡。

(2)发病特点:蛋鸡中暑多发于气温超过 32℃、通风不良且卫生条件较差的鸡舍,中暑造成大批死亡。种鸡、特别是肉种鸡对高温的耐受性较低,中暑后看上去体格茁壮、身体较肥胖的鸡经常最先死亡。在蛋鸡高产鸡群,这种情况极易发生。晚上 7—9 时是中暑鸡死亡的顶峰时间。

(3)防治办法:合理设计鸡场鸡舍。在鸡舍上面覆盖一层 10～15 厘米左右的稻草或麦秸,并洒上凉水,维持湿润,可有效地阻隔阳光进入舍内;在鸡舍离鸡体 2 米高的地方,用 2 厘米左右厚的白色泡沫塑料做一层天花板,可将大批热空气隔在天花板上面,使舍内温度下降 2℃左右;在窗上搭遮阳棚,可拦截阳光直射入舍;在鸡舍周围种草植树,不仅能够遮挡阳光,而且能够经过植物的光合作用吸收热量,下降空气温度。大型养殖场安装水帘换气扇等降温设施。

降温防暑:每天中午 12 时以后,在鸡舍内空间,每隔 2～4 小时用高压喷雾器喷洒一次清凉井水,可使舍内温度下降 4～7℃。打开鸡舍前后窗,保证空气对流。有条件规模养殖场应打开水帘和风扇,及时带走鸡体产生的热量。

加强饲养管理:①给予充分饮水。保证供给充分干净的深井水或清凉水,经过增加饮水,加大粪便排泄量,带走体内多余的热量。饮水要维持清凉,水温以 10～13℃为宜。若在饮水中加入适量的小苏打、溴化物缓冲液、藿香正气水或中草药等,则效果更好。②合理使用饲料添加剂。在鸡的日粮中添加适量的维生素 C、E、K、生物素及杆菌肽锌等添加剂,可减轻高温对鸡的损害。③恰当提高饲料的营养浓度。夏季温度高,鸡的食欲下降,采食量下降,必须恰当增加日粮中蛋白质、维生素和矿物质的比例,以满足鸡的营养需要,加强体温调节能力。④恰当调整饲喂时间。中午气温较高,鸡采食量低,应在早上、上午和晚上凉爽时饲喂,并增加饲喂量。⑤及时清理鸡粪。鸡粪含水量高(约为 85%),留在鸡舍内易使湿度增大而影响散热。

及时治疗,减少死亡:发现鸡中暑后,应立刻将鸡转移到阴凉通风处,并在鸡冠、翅翼部位扎针放血,同时给鸡加喂十滴水 1～2 滴、人丹 4～5 粒,多数中暑鸡很快即可恢复。

7.3.5 畜禽饲料(黄曲霉)中毒的防治

芜湖市属于亚热带湿润季风气候,梅雨天气长,高温、高湿,日照少、以阴雨天为主,饲料尤其是小麦、玉米、饼类饲料,稍有保管不好即生霉变质。在芜湖市的农村,养殖户因不知情使用霉变饲料造成猪中毒死亡的事时有发生,造成了很大损失,应引起高度重视。要加强饲料储藏管理工作,防止发霉变质,发霉变质的饲料绝不购买,更不能喂猪。

7.3.5.1 生猪饲料(黄曲霉)中毒

(1)症状:饲料(黄曲霉)中毒分为慢性中毒和急性中毒,以慢性中毒为主。慢性中毒表现:食欲减退,消化不良,日渐消瘦,母猪阴户肿胀,阴道出血、发炎。妊娠母猪常引起流产,哺乳母猪乳汁减少或无乳等 急性中毒:初期表现为精神不安,食欲减退,体温 40～41℃,结膜潮红,鼻镜干燥;磨牙、流涎、有时发生呕吐;便秘,排便干而少带血,后肢行走不稳。病情继续发展,食欲废绝,腹痛拉稀,粪便腥臭,常带有黏液和血液。更严重时,病猪卧地不起,出现神经症状,头弯向一侧或兴奋不安,失去知觉,呈昏迷状态,心跳加快,呼吸困难,全身痉挛,腹下皮肤出现紫斑。这时猪的体温下降。

(2)西药治疗:①立即停喂发霉饲料,用碎米煮粥加青绿饲料喂猪。用氟苯尼考按每千克 0.08 毫升肌肉注射。②豆浆 5000 毫升 1 次喂服,可治霉玉米中毒。③用 1%温食盐水灌服,每日 2～3 次。④对有症状的猪采取对症治疗:有便秘的,内服人工盐 30～50 克，排除胃肠有毒饲料，并大量给水，同时，静脉注射 5%葡萄糖。精神沉郁的，可皮下注射安钠加，用 0.5～2 克肌肉注射。兴奋不安的，给予镇静剂，用盐酸氯丙嗪，按每千克 0.5～1 毫克静脉注射。有黄疸现象的，给予维生素 C，维生素 B12，分别肌肉注射 0.2～0.5 克。

(3)中药治疗：①菊花、银花、玄参、炒黄柏、黄芩、甘草、黄连须各 15 克，山香根、大黄、花粉、郁金、黄药子各 30 克，芒硝 90 克(后下)、泽泻、栀子各 20 克，共研末，开水冲服，对玉米中毒有较好疗效。②中毒初期用芒硝 150 克、苏打 100 克、食盐 60 克，开水冲调，1 次服用，有较好解毒效果。③连翘 25～70 克、二花 30 克、绿豆 100 克、甘草 200 克，共研末，用开水冲调，1 次灌服，可解毒。

7.3.5.2 鸡饲料(黄曲霉)中毒

鸡吃霉变饲料易导致鸡群霉菌毒素中毒。霉变饲料对雏鸡危害更为严重，死亡率高达 65%以上，早期发现抢救死亡率也达 14%，中毒鸡大部分恢复缓慢，愈后生长发育受阻，影响养鸡经济效益。

(1)中毒症状；大部分鸡采食霉变饲料后第二天即表现出食欲明显减退，饮水量减少等症状，幼龄鸡特别敏感；有的食欲废绝、昏迷而缩于墙角，两翼下垂无力，口流黏液，粪便稀白带血；第三天全鸡群普遍下痢，精神萎靡，行动迟钝。食欲废绝，卧地不动，羽毛蓬乱，下痢，气喘。发病 5 天后，病禽出现脱水、昏迷及死亡。

(2)诊断；发病禽群有饲喂霉变饲料史；临诊表现为食欲下降、精神委顿、拒食、羽毛蓬乱、腹泻等；剖检表现肝脏出现坏死灶、坏死点，肾脏肿胀，腺胃粘膜水肿及溃疡，肌胃角质膜溃疡及出血。根据以上各点可初步诊断为家禽霉变饲料中毒，进一步确诊应进行实验室检查。

(3)治疗措施：停喂霉变饲料，对严重病例进行淘汰处理。全鸡群在饮水中加入维生素 C、维生素 K、葡萄糖混饮，连用一周；在饲料中添加三仪排疫肽粉，每 100 克混饲 100 千克，连用一周，以增强家禽免疫力，提高抗病力。一般用药第 3 天，腹泻现象停止，死亡停止，但食欲还没有完全恢复，精神状态较差。用药 7 天后，食欲开始恢复，采食量上升，精神状态明显好转。用药 10 天后，全群完全康复。

7.4 气象条件与饲料

饲料是动物的食品，饲料行是现代畜牧业发展的前提。饲料的种类很多，按营养成分分类，有饲料原料、全价配合饲料、混合饲料、蛋白浓缩饲料、添加剂预混合饲料、代乳料等；按动物的不同种类阶段和性能进行分类，有鸡用配合饲料(肉鸡料、产蛋鸡料及种鸡料)、猪用配合饲料(仔猪料、生长猪料、种母猪料等)、牛羊用配合饲料等；按饲料物理性状进行分类有粉状饲料、颗粒料、碎粒料等。玉米以及豆粕、麦麸等粮食和油料作物的副产品是饲料的主要原料，影响粮食生产的气象因素，直接或间接影响饲料质量，影响饲料生产、运输、储存等环节。

7.4.1　气象条件对饲料存储的影响

温度：温度对饲料贮存影响较大，温度低于10℃时，霉菌生长缓慢，高于30℃则生长迅速，使饲料质量迅速变坏；饲料不饱和脂肪酸在温度高、湿度大的情况下，容易氧化变质。

湿度：在温度较高的季节，湿度提高，霉菌迅速繁殖，使仓库中的温度及湿度均提高，随之霉味及酸味相继出现，储存湿度控制在65%以下为宜。

光线：饲料或养分常因光线而发生变异或因光线而加速其变化，光线对饲料变化具有催化作用。光线会引起脂肪氧化，破坏脂溶性维生素，蛋白质也因光线而发生变性。

因此高温高湿、阳光充足的夏季饲料不易保管。

7.4.2　饲料保管不当对畜牧生产的影响

饲料储存保管不当，造成霉变，大量的霉菌不仅消耗、分解饲料中的营养物质，使饲料质量下降、报酬降低，而且还会引起采食这种饲料的畜禽发生腹泻、肠炎等，严重的可致其死亡，如果饲养管理不当，继发其他传染病，导致死亡率大大增加。奶牛饲料霉变，不仅牛奶产量降低，而且牛奶中黄曲霉超标，不能食用，造成严重的经济损失。养殖场(户)要合理计划安排，尽量减少饲料和饲料原料的储存时间，如果发现饲料和饲料原料霉变，要果断处理，停止饲喂。

7.4.3　不同品种饲料的贮藏保管要求

每年春夏季，特别是3—8月份高温高湿季节里，总是能见到部分饲料企业、养殖户的饲料出现霉变现象。防止饲料霉变是饲料储存保管的关键。饲料霉变的主要原因是饲料原料、饲料中水分含量超标，在一定的高温高湿情况下，霉菌生长繁殖导致的。储存保管重点是控制水分。玉米、稻谷、麦类等原生态谷物的水分应不高于14%；大豆、次粉、糠麸类、豆粕等的水分应低于13%；棉粕、菜粕、花生粕、鱼粉、肉骨粉、骨粉等的水分应小于12%；出厂饲料水分应控制在11.5%以下。

全价颗粒饲料因用蒸汽调质或加水挤压而成，能杀死大部分微生物和害虫，且间隙大，含水量低，糊化淀粉包住维生素，故贮藏性能较好，只要防潮，通风，避光贮藏，短期内不会霉变，维生素破坏较少。全价粉状饲料表面积大，孔隙度小，导热性差，容易返潮，脂肪和维生素接触空气多，易被氧化和受到光的破坏，因此，此种饲料不宜久存。浓缩饲料含蛋白质丰富，含有微量元素和维生素，其导热性差、易吸湿，微生物和害虫容易繁生,维生素也易被光、热、氧等因素破坏失效。浓缩公司料中应加入防霉剂和抗氧化剂,以增加耐贮藏性。一般饲料贮藏3～4周,要及时销出或使用。

7.4.4 养殖户夏季保管饲料应注意的问题

①选择晴天购买饲料,避免运输途中淋雨;②合理安排减少饲料、饲料原料库存;③自配料的养殖户,采购玉米、豆粕等原料,一定不能霉变,使用后的原料、浓缩饲料等要密封好储存;④仓库内要设有防潮拖架,一般为高8～10厘米的木架。,避免饲料直接贴地或靠墙,⑤保持仓库通风,避免阳光直射饲料。

7.4.5 霉变饲料处理措施

霉变饲料中含有致癌物质,它可以通过畜禽产品而危害人类健康,因此霉变饲料不能用于养殖,有条件的养殖场通过去毒可以少量应用,但这种做法不提倡。

下面介绍几种去毒方法:①水洗法。将发霉的饲料粉(如果是饼状饲料,应先粉碎)放在缸里,加清水(最好是开水),水要多加些,泡开饲料后用木棒搅拌,每搅拌一次需换水一次,如此连洗5～6次后,便可用来喂养畜禽。②蒸煮法。将发霉饲料粉放在锅里,加水煮30分钟或蒸1小时后,去掉水分,再作饲料用。③发酵法。将发霉饲料粉用适量清水湿润、拌匀,使其含水量达50%～60%(手捏成团,放手即散),做成堆让其自然发酵24小时,然后加草木灰2千克,拌匀中和2小时后,装进袋中。用水冲洗,滤去草木灰水,倒出,加1倍量糠麸,混合后,在室温25℃下发酵7小时,此法去毒效果可达90%以上。(4)药物法。将发霉饲料粉用0.1%高锰酸钾水溶液浸泡10分钟,然后用清水冲洗2次,或在发霉饲料粉中加入1%的硫酸亚铁粉末,充分拌匀,在95～100℃下蒸煮30分钟,即可去毒。

7.5 气象条件与畜禽养殖场选址规划

新建养殖场选址时必须综合考虑自然因素、社会经济状况、畜禽的生理行为需求、卫生防疫条件、生产流通及组织管理等各种因素,科学和因地制宜的处理好相互之间的关系,有利于提高经济效益,有利于养殖场可持续发展。地形位置、土壤气候、水源水质等自然条件是新建畜禽养殖场必须考虑的重要因素之一。按照本书的要求,下面重点介绍气象条件在新建畜禽养殖场的选址、规划、建设中的应用。

7.5.1 养殖场应选择

地势较高、干燥平坦或有缓坡、向阳背风的地方。

7.5.2　场区布局

据地势地形和主导风向(芜湖市以偏东风为主,夏季偏南风增多,冬季偏北风增多),合理分区,生活区安排在上风,接着办公区、生产区、粪污处理区(病死畜禽无害化处理区)、隔离区。粪污处理区(病死畜禽无害化处理区)距生产区300米以上距离。

7.5.3　生产区建筑物间距

各建筑物间留足采光、通风、消防、卫生防疫间距。圈舍之间距离在5米以上,种畜舍在生产区的上风头,依次是产房、幼畜舍、育肥舍。

7.5.4　温度、通风、光照

圈舍设计建设围绕创造与饲养品种相适应的温度、通风、光照进行,圈舍最好坐北朝南,窗户符合通风透光要求;墙壁要有良好的保温隔热性能;屋顶要防雨水,要求质轻、坚固、结实,能够抵抗强风、暴雪,如果是牛舍跨度不宜过大,否则对型材的标准和质量要求更高。2008年冬季暴雪,芜湖市一奶牛场牛舍被雪压塌,砸死奶牛1头,伤2头。芜湖市冬季湿冷,夏季高温高湿,圈舍在冬季保温的同时还要在夏季能够降温,可采取水帘、吊扇、喷雾、换气扇等办法,水帘看起来投入大,但长期考虑很经济,效果明显。同时场区绿化也可降低气温,圈舍之间可以栽植落叶树木。

7.5.5　水源水质

畜禽养殖的饮水水质应按人的饮用水质标准执行,一般不可使用地表水,大部分养殖场较偏僻,很难用上自来水。选址时要先勘探,确保水质以及出水量符合要求。芜湖市某县一对夫妻在外发展收获第一桶金后,回乡兴办养猪场,场址选在岗丘,首先建2栋圈舍,饲养效益较好,后又建2栋,正好当年干旱,井水只能满足猪只饮用和降温,缺水冲洗圈舍,粪污严重,臭气熏天,只得将部分猪提前出栏,造成经济损失。场内污水道和雨水道要分开,实行雨水和污水分离,否则遇到夏秋雨季,大量雨水流入污水池,造成污水处理难。

第 8 章 水产设施养殖

池塘养殖是芜湖市水产养殖最主要的生产方式，也是养殖产量最重要来源。现代社会发展对淡水池塘养殖生产模式提出了可持续发展的要求，“生态健康，资源节约，环境友好，养殖高效”是生产方式转变的目标，尤其是池塘具有生产的可操控性、高产出性、受气象环境影响小的特点，使其成为芜湖市最主要的养殖方式。但芜湖市池塘养殖发端于 20 世纪 70 年代末的联营渔场建设和 90 年代初的池塘改造，经过二十余年的养殖，许多池塘面临水域环境恶化、养殖设施老化、养殖病害频发、质量安全隐患增多等突出矛盾和问题。为此，标准化池塘建设是稳定芜湖市渔业生产，提高养殖产量，保持健康养殖，增加渔民收入最重要抓手。

8.1 养殖设施

8.1.1 新建标准化池塘养殖场的设计要点

8.1.1.1 场址选择

(1)选址科学，符合规划　科学选址是搞好池塘养殖场的前提，选择的场址必须符合区县政府的水产养殖规划，取得养殖许可证。在选择场地时应考虑下列条件：

水源：养鱼需要水，不管取河、江、湖、水库以及地下水源等，水源要长，水质要好，水量要足，适宜于鱼类繁殖、发育，栖息生长。

水量：水量要丰富充足，保证供应不中断，不受旱、涝和季节的影响，也不与工农业生产争夺用水量。

水质：要从物理、化学、生物等三方面来分析判断，要保证适宜于鱼类的栖息生长，特别是避免受污染和含有对鱼类生长有害的水质。且不受工业“三废”及农业、生活、医疗废弃物等的污染。

水中的化学物质包括悬浮物、硫化物、油脂类、氯化物、酸、酚、苯类及金属物质等，这些物质大部分是影响鱼类的鳃部，使鱼呼吸困难，窒息死亡。有些是破坏鱼类的血液循环而引起鱼类死亡。

酸碱度，pH 值不宜过大，也不宜过小，一般鱼类适宜于 7～8.5 之间。

溶解氧，氧气在水中溶存量与水温和水中的浮游植物有关，水温低，浮游植物多含氧量增加。二氧化碳是浮游植物进行光合作用制造碳水化合物的主要原料，但过多时会使鱼类窒息死亡。沼气、硫化氢是有害气体，危害较大。

水温，根据各种鱼类的不同要求来决定，芜湖地区养殖温水性鱼类，一般适宜温度在20～30℃之间，在适宜的范围内，温度稍增高一些，鱼类生长得快一些。

水色，表示水体中所含杂质多少以及水的营养化程度。天然水中溶有各种物质及滋生的各种浮游生物而产生各种不同的水色。如水中含铁质化合物或土壤中的胶质溶于水，使水呈黄色，腐殖质溶解在水中呈褐色或茶褐色，碳酸钙溶于水中呈绿色等。水色是判断养殖用水水质的重要指标。

(2)因地制宜，合理布局　根据养殖场的生产规模、目的要求、不同对象、适合于鱼类及其他动植物的生产特点，因地制宜来进行规划设计。规划设计要从全局出发，突出重点，相互配套，综合平衡，既要坚持原则性满足生产上要求，又要考虑到灵活性因地制宜。新建池塘要充分考虑当地的自然与气候条件决定养殖场的建设规模、建设标准。要求地势比较平坦，有足够的面积，工程量小，施工快，也可考虑利用地势自流进排水，以节约动力提水的电力成本。气象条件要求阳光充足，雨量充沛，风力正常，不受旱涝影响等。设计进排水渠道、池塘塘埂、房屋等建筑物时应考虑洪涝、台风等灾害因素的影响、夏季高温天气对养殖设施的影响等。水产养殖场的进水口应建到上游部位，排水口建在下游部位，防止养殖场排放水流入进水口。养殖用水的水质必须符合NY5051—2001《淡水养殖用水水质》规定。其次，应选择电力供应较稳定、交通运输便利、饲料来源充足、建设材料取材方便的地方新建池塘养殖场。

8.1.1.2　池塘的设计

池塘是养殖场的主体建筑，其形状、面积、深度和塘底主要取决于地形、品种等的要求，一般性养鱼池的形状以长方形为适宜，其长宽比为2∶1～3∶1。长宽比大的池塘水流状态较好，生产技术管理操作方便；长宽比小的池塘，池内水流状态较差，存在较大死角和死区，不利于养殖生产。池塘的朝向应结合场地的地形、水文、风向等因素，一般宜东西长，南北狭，这样设置使池面接受阳光时间较长，对于池中的天然饵料繁殖生长也较快，促进鱼类发育生长。池塘朝向也要考虑是否有利于风力搅动水面，增加溶氧量。在山区建造养殖场，应根据地形选择背山向阳的位置，不宜朝北。表8.1为不同类型淡水池塘规格参考值。

不同类型池塘的规格不一，应充分结合自然条件利用地形结构合理安排。另外池塘底部要平坦，以方便池塘排水、水体交换和捕鱼，池底应有相应的坡度，从进水口到排水口一端要逐步倾斜，其比降为1/200至1/300。面积较大的池塘还可以按照回形鱼池来建设，池塘底部建有台地和沟槽。

表 8.1 各生产池的面积及深度参考

池塘名称	面积(米^2)	池深(米)	水深(米)	长宽比
产卵池	330～660	1.5	1	
孵化池	120～300	1	0.5～0.8	
鱼苗池	666～2000	1.5～2	1～1.5	2∶1
鱼种池	2000～3000	2～2.5	1.5～2	3∶1
成鱼池	6600～13000	2.5～3	2～2.5	2∶1～3∶1
亲鱼池	3300～4000	3～4	2.5～3.5	2∶1～3∶1

8.1.1.3 塘埂与护坡设计

(1)塘埂　塘埂是池塘的轮廓基础,塘埂结构对于维持池塘的形状、方便生产、提高养殖效果等有很大的影响。池塘塘埂一般用匀质土筑成,塘埂顶面宽度兼顾交通、种植、埋电杆、开渠、建分水井、清淤等方面的需要,一般为1.0～4.5米。塘埂的坡度大小取决于池塘土质、池深、有否护坡和养殖方式等,一般池塘的坡比为1∶1.5～1∶3.0,若池塘的土质是重壤土或黏土,可根据土质状况及护坡工艺适当调整坡比,池塘较浅时坡比可调为1∶1.0～1∶1.5。

(2)护坡　池塘进排水等易受水流冲击的部位应采取护坡措施,常用的护坡材料有水泥预制板、混凝土、防渗膜等。采用水泥预制板、混凝土护坡的厚度应不低于5厘米,防渗膜或石砌坝应铺设到池底。水泥预制板护坡:厚度一般为5～15厘米,优点是施工简单,整齐美观,经久耐用;缺点是破坏了池塘的自净能力。因此,护坡建好后最好把池塘底部的土翻盖在水泥预制板下部,这样既有利于池塘固形,又有利于维持池塘的自净能力。混凝土护坡:厚度一般为5～8厘米,施工质量高、防裂性能好,但需要对塘埂坡面基础进行整平、夯实处理,需要在一定距离设置伸缩缝,以防止水泥膨胀。地膜护坡:一般采用高密度聚乙烯(HDPE)塑胶地膜或复合土工膜护坡,施工简单,质量可靠,节省投资。

砖石护坡:浆砌片石护坡具有护坡坚固、耐用的优点,但施工复杂,要求砌筑用的片石石质坚硬。另外,在较大的长方形池塘内坡上,应修建一条宽度约0.5米的平台,平台应高出水面,方便投饵和拉网。

8.1.2 老旧池塘改造要点

老化池塘改造主要是指对池塘水浅、堤埂过低,池塘不能灌排水,塘底淤泥过厚,池塘形状不规则,不利于排涝和管理的池塘进行规范化改造。

8.1.2.1 改浅水塘为深水塘

这是进行旧池塘改造的重点。主要方法是排干池水,深挖淤泥污物,可采用吸泥泵或机械挖运，同时清塘与加固塘埂，与种植经济作物相结合，可综合利用塘泥。

8.1.2.2　改小塘为大塘

加宽塘埂，合并小塘，根据池塘用途，一般淡水养成鱼塘面积以 5～10 亩为宜。水面宽大，容易形成波浪，溶解氧充足，可增加单位面积放养量，提高产量。

8.1.2.3　改漏水塘为保水塘

发现漏水，可将保水性大的黏土铺在底层，加厚 20～30 厘米并填平夯实；也可采用红土混合石灰填于池底夯实；或直接用防渗膜铺设。

8.1.2.4　改死水塘为活水塘

修建简易引水渠道，使池塘和水源相通，和排水沟相连；或采用机械抽水，定期更换池塘用水；整修好供水渠道和排水设施，确保池塘常年进排水自如。

8.1.2.5　池塘堤埂低改高、窄改宽、土改石。

池塘堤埂高度应比当地历史最高水位高出 30～50 厘米，池塘的土堤埂若采用水泥预制板或石块护坡，可以抵御洪水的袭击。

8.1.3　进排水系统

淡水池塘养殖场的进排水系统是养殖场的重要组成部分，进排水系统规划建设的好坏直接影响到养殖场的生产效果。水产养殖场的进排水渠道一般是利用场地沟渠建设而成，在规划建设时应做到进排水渠道独立，严禁进排水交叉污染，防止鱼病传播。设计规划养殖场的进排水系统还应充分考虑场地的具体地形条件，尽可能采取一级动力取水或排水，合理利用地势条件设计进排水自流形式，降低养殖成本。

养殖场的进排水渠道一般应与池塘交替排列，池塘的一侧进水另一侧排水，使得新水在池塘内有较长的流动混合时间。

8.1.3.1　泵站、自流进水

池塘养殖场一般都建有提水泵站，泵站大小取决于装配泵的台数。根据养殖场规模和取水条件选择水泵类型和配备台数，并装备一定比例的备用泵，常用的水泵主要有轴流泵、离心泵、潜水泵等。

低洼地区或山区养殖场可利用地势条件设计水自流进池塘。如果外源水位变换较大，可考虑安装备用输水动力，在外源水位较低或缺乏时，作为池塘补充提水需要。自流进水渠道一般采取明渠方式，根据水位高程变化选择进水渠道截面大小和渠道坡降，自流进水渠道的截面积一般比动力输水渠道要大一些。

8.1.3.2　进水渠道

进水渠道分为进水总渠、进水干渠、进水支渠等。进水总渠设进水总闸，总渠下设若干条干渠，干渠下设支渠，支渠连接池塘。总渠应按全场所需要的水流量设计，总渠承担一个养殖场的供水，干渠分管一个养殖区的供水。

8.1.4 越冬、繁育设施

鱼类越冬、繁育设施是水产养殖场的基础设施。根据养殖特点和建设条件不同，越冬温室有坡面式日光温室、拱形日光温室等形式。繁育设施一般有产卵设施、孵化设施等。

8.1.4.1 温室

水产养殖场的温室主要用于一些养殖品种的越冬、鱼苗繁育和特种水产养殖需要。水产养殖场温室建设的类型和规模取决于养殖场的生产特点、越冬规模、气候因素以及养殖场的经济情况等。

水产养殖场温室一般采用坐北朝南方向。这种方向的温室采光时间长、阳光入射率高、光照强度分布均匀。温室建设应考虑不同地区的抗风、抗积雪能力。

(1)坡面式温室　坡面式温室是一种结构简单的土木结构或框架结构温室，芜湖普遍采用双坡面温室形式。为金属框架结构，顶部一般用塑料薄膜或采光板铺设。双坡面日光温室具有建设成本低，生产操作方便，适用性广的特点，适合于各类养殖品种的越冬需要。

(2)拱形温室　拱形温室是芜湖地区广泛使用的龟鳖养殖温室，主要有钢筋水泥柱结构温室、钢管架无柱结构温室。室顶所用材料为保温泡沫、塑料薄膜。

拱形温室一般采用镀锌钢管拱形钢架结构，跨度 10～15 米，顶高 2～3 米，肩高 0.8～1.0 米，内部建半下沉式养殖场，单个面积 25～50 平方米。

8.1.4.2 繁育设施

鱼苗繁育是水产养殖场的一项重要工作，对于以鱼苗繁育为主的水产养殖场，需要建设适当比例的繁育设施。鱼类繁育设施主要包括产卵设施、孵化设施、育苗设施等。

(1)产卵设施

产卵设施是一种模拟江河天然产卵场的流水条件建设的产卵用设施。产卵设施包括产卵池，集卵池和进排水设施。产卵池的种类很多，根据不同品种特性有圆形、方形，常见的为圆形产卵池。

传统产卵池面积一般为 50～100 平方米，池深 1.5～2 米，水泥砖砌结构，池底向中心倾斜。池底中心有一个方形或圆形出卵口，上盖拦鱼栅。出卵口由暗管引入集卵池，暗管为水泥管、搪瓷管或 PVC 管，直径一般 20～25 厘米。集卵池一般长 2.5 米，宽 2 米，集卵池的底部比产卵池底低 25～30 厘米。集卵池尾部有溢水口，底部有排水口。排水口由阀门控制排水。集卵池墙一边有阶梯,集卵绠网与出卵暗管相连,放置在集卵池内,以收集鱼卵。

产卵池一般有一个直径15～20厘米进水管,进水管与池壁成40°角左右切线,进水口距池顶端40～50厘米。进水管设有可调节水流量的阀门,进水形成的水流不能有死角,产卵池的池壁要光滑,便于冲卵。

(2)孵化设施

鱼苗孵化设施是一类可形成均匀的水流,使鱼卵在溶氧充足、水质良好的水流中孵化的设施。鱼苗孵化设施的种类很多,传统的孵化设施主要有孵化桶(缸)、孵化环道和孵化槽等。

近年来,出现了一种现代化的全人工控制孵化模式,这种模式通过对水的循环和控制利用,可以实现反季节的繁育生产。鱼苗孵化设施一般要求壁面光滑,没有死角,不堆积鱼卵和鱼苗。

①孵化桶　一般为铁皮制成,由桶身、桶罩和附件组成。孵化桶一般高1米左右,上口直径60厘米左右,下口直径45厘米左右,桶体略似圆锥形。桶罩一般用钢筋或竹篾做罩架,用60目的尼龙纱网做纱罩,桶罩高25厘米左右。孵化桶的附件一般包括支持桶身的木、铁架,胶皮管以及控制水流的开关等。

图8.1　孵化桶

②孵化缸　孵化缸是小规模育苗情况下使用的一种孵化工具,一般用普通水缸改制而成,要求缸形圆整,内壁光滑。孵化缸分为底部进水孵化缸和中间进水孵化缸。孵化缸的缸罩一般高15～20厘米,容水量200升左右。孵化缸一般每100升水放卵10万粒。

图 8.2 孵化缸

③孵化环道 孵化环道是设置在室内或室外利用循环水进行孵化的一种大型孵化设施。孵化环道有圆形和椭圆形两种形状，根据环数多少又分为单环、双环和多环几种形式。椭圆形环道水流循环时的离心力较小，内壁死角少，在水产养殖场使用较多。

孵化环道一般采用水泥砖砌结构，由蓄水、过滤池、环道、过滤窗、进水管道、排水管道等组成。下图是圆形孵化环道的结构图。

图 8.3 孵化环道

圆形孵化环道：

孵化环道的蓄水池可与过滤池合并，外源水进入蓄水池时一般安装 60～70 目的锦纶筛绢或铜纱布过滤网。过滤池一般为快滤池结构，根据水源水质状况配置快滤池面积、结构。孵化环道的出水口一般为鸭嘴状喷水头结构。

孵化环道的排水管道直接将溢出的水排到外部环境或水处理设施，经处理后循环使用。出苗管道一般与排水管道共用，并有一定的坡度，以便于出水。过滤纱窗一般用直径 0.5 毫米的乙纶或锦纶网制作，高 25～30 厘米，竖直装配，略往外倾斜。环道宽度一般为 80 厘米。

鱼类的胚胎发育与温度关系非常密切。鱼类产卵、孵化必须在一定温度条件下才能正常进行。适宜水温范围为 16～31℃，最适宜的水温范围是 24～27℃。水温过高、过低都会引起胚胎发育停滞或不正常，畸形率高，孵化率低。水温低易发生水霉病。在正常水温范围内，水温高发育快，水温低发育慢。根据观察调查芜湖地区经济鱼类自然繁殖顺序是塘鳢、鲫鱼、团头鲂、白鲢、黄鲢、草鱼、青鱼、细鳞斜颌鲴、鳜鱼。规模化生产必须进行人工繁殖。一般春节前就要根据生产计划收齐亲本进行专塘强化培育，特别是塘鳢产卵受精较早（在春分前后），要提前做好集卵孵化准备。

表 8.2　鱼卵孵化时间(分钟)与水温(℃)的关系

时间 品种 水温	鲢鳙	鲫鱼	鳜鱼	鲈鱼	白鲳	乌鳢	鲴鱼	鲶鱼	塘鳢	细鳞斜颌鲴
16	71	130						88	290	68
18	60			52				70	250	56
20	50	96				45	96	60	210	47
22	32			32		48		55	170	36
24	30	70	42	31		40	90	40		
26	21		33			36		36		
28	18				120	30	78	34		
30	16	48	28		130	25				

8.1.5　生产设备

水产养殖生产需要一定的机械设备。机械化程度越高，对养殖生产的作用越大。目前主要的养殖生产设备有增氧设备、投饲设备、水质监测调控设备、起捕设备、动力运输设备等。

8.1.5.1 增氧设备

池水中的溶氧主要来自浮游植物光合作用而产生的氧，其次是空气中的氧通过机械作用溶解于水，溶氧除了能供养殖的鱼、虾、贝及其他生物正常呼吸外，还可分解池塘中的有机物，池水中的溶解氧与水温成反比，与大气压成正比，一般情况下盐度增高溶解氧下降。溶解氧低时，鱼、虾会出现食欲减退，抗病力减弱，严重时会出现呼吸困难，发生浮头、翻塘窒息死亡。除了上述直接危害外，池底大量有机物沉积物，在无氧条件下分解，产生有毒物质，危害养殖生物。如果池中溶解氧充足，则养殖生物摄食旺盛，消化率高，生长快，产量高，饵料利用率也高，可以降低养殖生产成本。

增氧设备是水产养殖场必备的设备，尤其在高密度养殖情况下，增氧机对于提高养殖产量，增加养殖效益发挥着巨大的作用。

常用的增氧设备包括叶轮式增氧机、水车式增氧机、涡流式增氧机、增氧泵、微孔曝气装置等。

(1)叶轮式增氧机

叶轮增氧机是通过电动机带动叶轮转动搅动水体，将空气和上层水面的氧气溶于水体中的一种增氧设备。

叶轮增氧机具有增氧、搅水、曝气等综合作用，是采用最多的增氧设备。叶轮增氧机的推流方向是以增氧机为中心作圆周扩展运动的，比较适宜于短宽的鱼塘。叶轮增氧机的动力效率可达 2 千克氧气/千瓦小时以上，一般养鱼池塘可按 0.5～1 千瓦/亩配备增氧机。池塘增氧机的正确使用涉及了池塘水质和养殖管理两重要指标，在实际养殖生产中如能正确巧用增氧机可使养殖生产达到事半功倍的效果。

①高温期间的晴天中午开。晴天中午要开启叶轮式增氧机 2～4 小时，特别是水质较肥、浮游植物较多的池塘。因为晴天，浮游植物的光合作用较强，向水体中放出大量的氧气，使水体的表层溶氧达到饱和，而水体底层溶氧相对较低。叶轮式增氧机有向上提水的作用，开机时能造成池塘水体直垂循环流转，一方面可以将水体表层水中的溶氧传到底层，使整个池塘水体的溶氧达到饱和状态；另一方面，通过增氧机的提水作用，把底层水带到表面曝晒，使底层水中的有害物质散发到空气中，起到净化水质的作用。

② 雷雨天气早开机。池水上下层急速对流，池中含氧量迅速降低，这时要早开、多开增氧机。如果白天太阳光强，温度高，傍晚突然下雷阵雨，大量温度较低的雨水进入池塘，使池塘表层水温急剧下降，比重增大而下沉，下层水因温度高比重小则上浮，因而引起上、下层水急速对流，上层溶氧量升高的水体传到下层去，暂时使下层水溶氧量升高，但很快就被下层水中还原物质所消耗，上层水溶氧量降低后得不到补充，结果使整个池塘的含氧量迅速降低，所以容易引起鱼虾类浮头。另外，白天起南风，气温很高，到晚间突然转北风，也要多开增氧机，因为加剧了上、下层水体的对流，

易造成缺氧。

③ 连绵阴雨多开机。夏季若连绵阴雨，光照条件差，浮游植物光合作用强度弱，水中溶氧的补给少，而池塘中各种生物的呼吸作用、有机物的分解作用却需要消耗大量的氧，以致造成水中溶氧供不应求，容易引起养殖对象的浮头。另外，阴雨天有时水清见底，浮游植物很少，水蚤很多，几乎吃光了池塘中的浮游植物，因缺少光合作用产氧来源而造成池中缺氧。

④"氧债"大时要多开机。即久晴未雨，池塘水温高，由于大量投饲而造成水质过肥，透明度低，水中有机物多，上、下层氧差大，下层缺氧(氧债)太多。此时除了要加长开机时间外，还要向池塘中加注新水，否则，会造成水质过肥或水质败坏而引起缺氧。

⑤投饵时不开机。因此时开机会将饵料旋至池子中央与排泄物堆积在一起而不易被摄食，造成饵料浪费；傍晚时分不开机。因为这时浮游植物光合作用即将停止，不能向水中增氧，由于开机后上下层水中溶氧均匀分布，上层溶氧降低后得不到补充，而下层溶氧又很快被消耗，结果反而加速了整个池塘溶解氧消耗的速度。

总之，什么时候开机和开机时间的长短，应根据天气、养殖动物的动态以及增氧机负荷等灵活掌握。一般采取晴天中午开，阴天清晨开，连绵阴雨半夜开，傍晚不开，浮头早开；天气炎热开机时间长，天气凉爽开机时间短，半夜开机时间长，中午开机时间短，负荷面大开机时间长，负荷面小开机时间短的策略。

(2)微孔曝气装置

是一种利用压缩机和高分子微孔曝氧管相配合的曝气增氧装置。曝气管一般布设于池塘底部，压缩空气通过微孔逸出形成细密的气泡，增加了水体的气水交换界面，随着气泡的上升，可将水体下层水体中的粪便、碎屑、残饲以及硫化氢、氨等有毒气体带出水面。微孔曝气装置具有改善水体环境，溶氧均匀、水体扰动较小的特点。其增氧动力效率可达 1.8 千克/千瓦小时以上。微孔曝气装置特别适用于虾、蟹等甲壳类品种的养殖。

①4—6 月份，采取晴天中午开动底层微孔曝气增氧机 1～3 小时，充分发挥底层微孔曝气增氧机的曝气增氧作用，增加池塘溶解氧，并加速池塘的物质循环，改良水质，减轻池塘缺氧的发生。一般要注意避免晴天傍晚开机，此时会使池塘上下水层提前对流，增加水体的耗氧量，容易引起池塘缺氧，造成不必要的人为损失。

②在养殖中期的阴雨天气，植物的光合作用减弱，造氧功能不强，池塘溶氧不足，产生缺氧现象。此时必须充分发挥底层微孔曝气增氧机的增氧作用，在夜间至清晨开动底层微孔曝气增氧机进行增氧，直到改善池塘溶解氧状况，达到防止和解除池塘缺氧的目的。做到阴雨连绵半夜开，傍晚不开，浮头早开。

③夏秋季节，白天水温高，如遇气温迅速下降的天气，加速和提早了池水上下层

的对流，溶解氧下降，容易引起缺氧。因此炎热的夏天黎明一般可适时提前开机，发挥底层微孔曝气增氧机的曝气和增氧的作用，使夜间积累的硫化氢、氨氮等有害气体逸出水面的同时，又可防止池水溶氧进一步下降，增加溶氧。注意：在缺氧时，开动底层微孔曝气增氧机增氧时，不能停机，直至日出后，池水不缺氧，鱼蟹活动正常再停机。

底层微孔曝气增氧机的使用方法，坚持做到三开二不开的原则。晴天中午开，阴天清晨开，连绵阴雨半夜开；天气正常时傍晚不开，阴雨天白天不开。并且还应根据天气、水温、水质、鱼蟹活动等情况灵活掌握，以及池塘中溶解氧的变化规律，掌握开机时间及长短，以达到合理使用，增产增效的效果。

8.1.5.2 投饲设备

投饲设备是利用机械、电子、自动控制等原理制成的饲料投喂设备。投饲机具有提高投饲质量、节省时间、节省人力等特点，已成为水产养殖场重要的养殖设备。目前应用较多的是自动定时定量投饲机。

投饲机饲料抛撒一般使用电机带动转盘，靠离心力把饲料抛撒出去，抛撒面积可达到10～50平方米。

8.1.6 低碳高效池塘循环水养殖

是传统池塘养鱼与流水养鱼技术的结合，将传统池塘“开放式散养”革新为循环流水“生态式圈养”模式，是对传统池塘养殖的革命性改变。

8.1.6.1 池塘循环流水养殖系统：

在砖混结构的养殖槽中安装纳米微孔增氧的气体提推水动力装置，形成高溶氧水流，构建吃食性鱼类的“圈养区”。是主养吃食鱼类的养殖区。

养殖槽规格5米×22米×2.0米，实际地基要做到27米。两边墙体长27米，中间墙体长至少23米。至少砌24厘米墙体。养殖槽底部基础要打牢，10～15厘米的混凝土。养殖槽的墙体一律用实心黏土砖砌筑。所要用到的永久附件，能够预埋的，一律预埋。如拦鱼格栅槽、固定气提推水设备的螺杆等。气体式增氧推水设备 由风机、导流板45度弯曲的马口铁板、增氧栅格（微孔管）组成。风机功率主要根据养殖槽后端夜间的水体溶氧含量判断，设计养殖单产达到2.5万千克以上，采用2.2千瓦/台为宜。为安全起见需配备发电机。大功率的风机输风管采用 并联的方式，节约能源。鱼种阶段开机1～2台，准商品鱼阶段开2～3台，商品鱼阶段全开。

溶氧与水流速度密切相关，水流速以在线监测养殖池尾部水质DO不低于3.0毫克/升确定，一般养殖槽中表面水流速度控制在0.35～0.5米/秒。流速大鱼体顶水，消耗体能，流速小，养殖槽尾部夜间溶氧偏低。

拦鱼栅格是将鱼圈养在养殖区内的装置，用不锈钢网做成，根据鱼种大小决定网目，并尽可能大，要结实。防撞网高度要大于拦鱼栅格，有水流时会形成鼓兜，防撞，对刚投放的鱼种起到很好的保护作用，尤其是无鳞鱼。

养殖品种主要有草鱼、斑点叉尾鮰、加州鲈鱼、黄颡鱼。草鱼、斑点叉尾鮰的产量可达到 2.5 万～3.0 万千克。

8.1.6.2　废弃物收集系统

高密度养殖鱼类的排泄物为固体悬浮物（TSS）、有机物化学表现为 COD、TN（NH_3）、TP 的增加。在流水养殖槽尾部设计安装废弃物和排泄物收集系统，用于解决养殖产生的自身污染，实现低碳、高效的养殖目的。使用相当于吸尘器或抽水机的原理，产生负压后将含有废弃物的水溶液抽出。长 5 米、宽 20 米（4 条槽子）、高为 2 米的大池，末端建有 80 厘米的矮墙拦集粪便，池底和养殖池池底为同一个平面上。集粪区是联通的，面积 15～20 平方米。

8.1.6.3　外围池塘水质净化系统

主要功能是净化水质，除去有机碎屑、N、P、SS、COD，次要功能是通过水面种植，水体养殖获得辅助性的经济效益。现代水产养殖工艺，就是按生态系统原理，打破传统养殖工艺的生态系统存在的"瓶颈效应"。使消费者、分解者和生产者之间的物质循环和能量流动保持平衡。主要通过栽种部分沉水、挺水植物，水面设置生态床，放养一部分花白鲢、螺蛳或青虾等水生动物，放养少量草食性鱼类（团头鲂、草鱼），套养食腐屑食物鲴类、小型肉食性鱼类（塘鳢鱼、黄颡鱼），水面上设置气提式推水设施，投放肺呼吸的龟鳖控制螺蛳等方式解决。

生态沟渠的生物布置方式一般是在渠道底部种植沉水植物、放置贝类等，在渠道周边种植挺水植物，在开阔水面放置生物浮床、种植浮水植物，在水体中放养滤食性、杂食性水生动物，在渠壁和浅水区增殖着生藻类等。有的生态沟渠是利用生化措施进行水体净化处理。这种沟渠主要是在沟渠内布置生物填料如立体生物填料、人工水草、生物刷等，利用这些生物载体附着细菌，对养殖水体进行净化处理。

生态净化塘是一种利用多种生物进行水体净化处理的池塘。塘内一般种植水生植物，以吸收净化水体中的氮、磷等营养盐；通过放置滤食性鱼、贝等吸收养殖水体中的碎屑、有机物等。生态净化塘的构建要结合养殖场的布局和排放水情况，尽量利用废塘和闲散地建设。生态净化塘的动植物配置要有一定的比例，要符合生态结构原理要求。

8.1.6.4　物联网管理系统

基于智能感知技术的水质及环境信息智能技术，采用具有自识别、自标定、自校正、自动补偿功能的智能传感器，对水质和环境信息进行实时采集，全面感知养殖环境的实际情况。循环养殖系统中需监测的水质指标有温度、溶解氧、pH、氨氮、硝酸盐氮、亚硝酸盐氮、TSS含量。当溶氧低于设定值时，通过电脑、手机、报警器自动报警。还可以建立远程集中投饵系统、病害远程诊断网、水产品质量可追溯信息系统。

8.2 特种水产养殖

8.2.1 黄颡鱼养殖

黄颡鱼广泛分布于我国各大干支流及附属水体中，在江河、湖泊、沟渠、池塘中均能生长繁衍，形成自然种群是一种自然水体中的小型经济鱼类。黄颡鱼肉质细嫩、味道鲜美、营养丰富，深受广大消费者的喜爱，也成为芜湖市的主要养殖品种之一。黄颡鱼喜栖息在静水和缓流水中，底栖生活，杂食性，食性范围广，可采用人工配合饵料饲养，饵料来源较易，饵料系数低。对环境适应性较强，较耐低氧，抗病力较强，在常规条件下可以获得较高的产量和效益，适温范围广，适宜温度为0～38℃，在我国大多数地区自然水体中都能生存，适于芜湖地区养殖推广。

在自然环境中黄颡鱼雄鱼普遍比雌鱼个体大、生长速度快，因此人工养殖中投放鱼种时尽量提高雄鱼的比例，以降低饵料系数，节约成本。芜湖地区较多采用苗种阶段过筛的办法剔去大部分雌鱼，留下雄鱼养殖，过多遍筛雄鱼比例可达到80%以上。目前较为先进的是培养全雄黄颡鱼，雄鱼比例可达到98%以上，效益更为明显。

8.2.1.1 池塘条件

(1)水源和水质，池塘主养黄颡鱼要求水源充足，水质符合渔业用水水质标准，不含对鱼类有害的物质，最好选择靠近水库、湖泊、河道、沟渠的鱼池，或配有增氧机和抽水机等机械设备的鱼塘进行主养黄颡鱼。池塘主养密度较高，水质容易恶化，引起鱼浮头和大量死亡等现象。

(2)鱼池面积、水深和底质，黄颡鱼养殖对池塘大小要求不是十分严格，一般池塘在3～5亩或不超过10亩，水深在1.5～2.0米较为理想，池塘较浅光照较强，不利于黄颡鱼喜弱光下摄食的要求。底质以沙质土为好，池塘出水口处底部比其他地方深10%～15%.

8.2.1.2 池塘清理和消毒

池塘清理是改善黄颡鱼养殖环境的重要环节，应将池底整平，清除过多的淤泥和杂草。放鱼种前15天左右，用生石灰彻底消毒，再每亩施放150～200千克的有机肥。

8.2.1.3 鱼种放养

放养密度与池塘条件、养殖环境、鱼种规格、技术水平、水源条件和上市要求有关。芜湖地区每亩放3厘米以上的鱼种8000尾,等到黄颡鱼规格达到8～10厘米以上,再每亩补放6～8厘米的黄鲢、白鲢200尾。

8.2.1.4 饲料投喂

在不同的生长阶段投喂适口的黄颡鱼专用饲料。日投喂量根据黄颡鱼总体重和水温而定,当水温10～15时℃,投喂量占体重的1.5%～1.8%,当水温15～20℃时,占体重2%～2.5%,当水温20～36℃时,占体重4%～5%。投喂要做到"四定"、"四看",即定时、定点、定质、定量。看季节,根据不同季节调整投饲量,通常8、9、10三个月为投饲高峰。看天气,阴晴骤变、酷暑闷热、雷阵雨天气或阴雨连绵要减少或停止投喂。看水质,水色好、水质清新,可正常投喂,水色过浓,水蚤成团有泛塘的征兆,要停止投喂。看鱼的吃食与活动情况,鱼活动正常,在1小时内能将所投喂的饲料全部吃完,可适当增加投喂量,否则就要减少投喂量。

8.2.2 鳜鱼养殖

鳜鱼具有很高的经济价值,是久享盛誉的名贵鱼类,也成为芜湖市主导养殖品种。鳜鱼摄食习性十分奇特,自开食起终生以活鱼为食,人工养殖必须准备充足适口的饵料鱼,这是养殖成功的关键。鳜鱼的种类较多,芜湖市主要养殖翘嘴鳜,也少量养殖斑鳜。两者各有优势,前者养殖产量高,后者市场价格高。

8.2.2.1 清塘消毒

选择面积适中的塘口,一般不要大于8亩,小塘养殖效果较好,底部淤泥较少,沙质壤土较好。腐殖质较少,水要清。水深2米左右。常规消毒后供鳜鱼专养。

8.2.2.2 饵料鱼培育

在鳜鱼种放养前15～20天,每亩放鱼苗60～80万尾,以鲮鱼、团头鲂为适口,少量投喂,不宜采用肥水培养法。

8.2.2.3 鳜鱼放养

每亩放养5厘米以上规格的鱼种800～1000尾。密度大应配备增氧机,能采用底部微孔增氧效果更好,也更为安全。

8.2.2.4 饵料投喂

前期投喂当年培育的鱼种,后期可投喂上一年留塘的密养鱼种。饵料鱼的规格一定要与鳜鱼的规格相匹配,讲究适口性。池塘单养鳜鱼,密度大,需饵料鱼多,要安排专塘培育饵料鱼。1亩主养池塘要有4亩饵料鱼池相配套。饵料鱼宜采用多池、不同密度饲养，分次取捕，逐步拉疏的养殖方式，保证饵料鱼与鳜鱼同步生长。当鳜鱼池的饵料鱼稀疏后，要及时捕捞饵料鱼予以补充，要保证鳜鱼池始终有充足的饵料鱼，一般按照 1∶20 投喂。

8.2.2.5　水质调节

适时开启增氧机，勤换水，定期用微生态制剂调节水质，始终保持池塘水质清新。

8.2.2.6　鱼病防治

鳜鱼养殖发生病害以寄生虫病为主，用硫酸铜和硫酸亚铁合剂 0.7 ppm 泼洒，效果较好。

8.2.3　池塘双季青虾养殖

青虾，具有食性杂、生长快、繁殖力高等特点，不仅肉质细嫩，味道鲜美，无刺，无腥，而且营养丰富，经济价值附加值高，是人们喜食的特种水产品。

青虾在当前水产品市场是少数几个价格坚挺，市场走俏的养殖品种之一。据统计，自 20 世纪 90 年代至今，市场青虾价格一直走高。

双季青虾是根据青虾生长规律，充分利用水面资源，一年养殖二茬青虾，前茬青虾平均亩产可达 40～50 千克，后茬青虾平均亩产可达 50～75 千克。

8.2.3.1　池塘准备

(1)池塘要求：一般选用面积 5～12 亩长方形塘口，水深保持在 1.2～1.5 米，砂土或壤土均可，坡比 1∶2～1∶3，池塘不渗水，池底淤泥控制在 30 厘米左右。进排水系统配套，在进排水口安置防逃网片。

(2)水源要求：一般要求水质清新，溶氧丰富，pH 值 6.5～8.0，无生活污染物和工业污染物，即符合国家《渔业水质标准》。

(3)鱼池改造：养虾池除少部分新开标准虾池外，一般均为养鱼池改造，鱼苗池、鱼种池、成鱼池均可。其改造要求：一是消除过多淤泥，二是保持池底平坦；三是坡度适当增大。

(4)清塘消毒：放养前对池塘进行暴晒，用生石灰或漂白粉或清塘灵等杀灭有害生物。具体选取用药物和剂量视池塘情况而定。

生石灰：一般亩用 100～150 千克，对鱼类、虾蟹、细菌、藻类均具杀灭效果，还能调节池塘水质，是养虾池常用药物。

清塘灵：一般水深 50 厘米，亩用量 200～250 毫升，化水在全塘泼洒，对黄鳝、泥鳅等杂鱼杀灭效果极佳，并对虾类无害，是无公害的生物制剂。

(5)设置附着物：附着物可供青虾隐蔽栖息，也可提高池塘载虾量，一般选用茶叶树、松树枝等人工附着物，也可在早期种植水草，中后期配合使用茶叶树、松树枝等。

8.2.3.2 配套设备

一般每 20 亩左右池塘配水泵一台，高产精养池塘每 10 亩配增氧机一台，配水泵一台。根据要求一般每户配自制颗粒饲料机一台，动力配备一般不少于 0.1 千瓦/亩。

8.2.3.3 放养

(1)放养前准备：在幼虾放养前，提前 7～9 天施足基肥，培育大型适口饵料，如桡足类、枝角类、水蚯蚓等，使池水呈灰褐色或粉红色；在虾苗放养前，提前 5～7 天施足基肥，培育小型适口饵料，如单细胞藻类、轮虫、原生动物等，使池水呈灰绿色或灰白色。

(2)放种

①前茬青虾养殖。放养时间 1～2 月，以放养过池幼虾为主，规格 500～1000 只/千克，平均亩放 15 千克左右。

②后茬青虾养殖。放养时间 6～7 天，以放养当年繁殖虾苗为主，规格 1.5～2.0 厘米/尾，平均亩放 3.0 万尾左右，同时每亩混放花白鲢夏花鱼种 100 尾。

8.2.3.4 饲养管理

(1)投饲：饲料的种类可因地制宜选取用，菜饼、豆饼、鱼用颗粒饲料、青虾专用料、罗氏沼虾专用料、自制颗粒饲料、螺蚌肉、杂鱼等均可采用，一般以投精料为主，动物性饵料为辅，日投饲量通常控制在虾体重的 3%～10%，具体视饲料种类、天气、水质、水温及青虾生长不同季节而定，灵活掌握。一般日投两次，上午 7—8 时投日投量的 1/3，下午 5—6 时投日投量的 2/3。投喂时应采用分散泼洒的方法，主要投放在池塘四周及附着物上，便于青虾均衡摄食。

(2)施肥：在养殖过程中，始终保持水质“肥、活、嫩、爽”，确保虾池水质良好和天然饵料充足。养殖前期采用：直接施肥法，视水质情况，每星期每亩施有机肥 50～100 千克，养殖中、后期改用经腐熟发酵的有机肥，视水质情况，每半月每亩施 100～200 千克(带水)。

(3)水质管理：养殖前期(3—5 月份)透明度控制在 20～25 厘米，养殖中期(6—7 月)透明度控制在 25 厘米左右，养殖后期(8—10 月)透明度控制在 30 厘米左右。若养殖条件较好，动力配套每亩达 0.3 千瓦以上，则养殖过程中透明度可始终控制在 10～20 厘米。要控制水草繁衍，特别是浮叶植物和漂浮植物要彻底清除，沉水植物要严格控制。换水要做到“小进小出”，大忌“大进大出”，防止养分流失。

8.2.3.5 捕捞上市

根据市场情况和虾的生长规律，灵活组织捕捞上市，一般采用轮捕与集中捕捞相结合的方法，平时采用地笼网和抄网轮捕上市，集中捕捞时采用拖网捕捞上市，而后干池捕捞。

前茬青虾养殖，一般在 4 月底开始轮捕，到 6 月底集中捕捞。

后茬青虾养殖，一般在 10 月。

8.2.4 池塘主养细鳞斜颌鲴

细鳞斜颌鲴食性杂，主要以水体中有机碎屑为食，是典型的环保品种，也是当前池塘健康养殖中最合适的套养品种，具有抗病力强，易捕捞的特点，回捕率较高的优势。在不增加投饵的情况下，可亩增产 10～20 千克、细鳞斜颌鲴不仅是很好的套养品种，也适合作主养品种，有较大的增产空间，也能取得很好的经济效益。

8.2.4.1 池塘条件

池塘不宜过大，不渗漏，塘埂坡比 1∶2，淤泥深 15 厘米左右，水深 1.5～1.8 米，水质清新，符合水产养殖标准，池塘进排水系完善，进排水方便。

8.2.4.2 清塘施肥

春节前排干池水，进行长期冻晒。1 月 22 日，池塘加水 20 厘米，用生石灰 150 千克/亩，全池泼洒，2 天后加深池水至 40 厘米，用经过发酵的鸡粪肥作基肥，每亩 400 千克，使池塘中产生大量的轮虫、枝角类，桡足类等浮游动物，将池水透明度调节至 30～40 厘米。以后随着池塘水质变化，适时增加发酵的粪肥。

8.2.4.3 苗种投放

苗种以人繁场培育的二龄大规格鱼种，亩放养规格 50 克/尾细鳞斜颌鲴 1100 尾，用鱼篓进行运输。套养规格 400～500 克/尾黄鲢 40 尾、规格 70 克/尾鲫鱼 400 尾，下塘前用食盐水浸浴消毒。

8.2.4.4 饲养管理

以施肥为主，投饵为辅。根据水体中饵料生物变化情况，以及水体透明度，适时添加有机肥料，始终保持池水肥爽。5 月份以后适量投喂米糠、菜籽饼等，每亩每天 2.5 千克。投喂量逐日增加，9 月每亩每天 5 千克，10 月下旬停止投喂。

鱼种投放的初始阶段保持水深 0.8 米，随着气温的升高逐步加深池水。6、7 月份高温季节，由于长期投喂，鱼类排泄物沉积，水体本身的自净能力有限，为防止水质恶化，采取定期更换新水的办法，每半月换水 20 厘米，使池水透明度保持在 35 厘米左右，pH 值控制在 7.5 左右。早期进水用 80 目筛绢制成的网箱严格过滤，后期换水用 40 目网布过滤，排水口两端分别用筛绢、网布包扎。

细鳞斜颌鲴不易发病。为做好预防工作，5 月、9 月中旬分别用二溴海因 150 克/亩，全池泼洒。

8.2.5 虾蟹混养

8.2.5.1 蟹虾混养的利弊

（1）蟹、虾皆属甲壳动物，栖息水层基本相同，两者混养有争夺空间的一面，但青虾由于个体小，能居于河蟹不能栖息的狭小空间，且对河蟹掘洞穴居习性无影响，能充分利用河蟹不能利用的剩余空间，保证水体不被浪费。

（2）蟹、虾基本都属杂食性，两者混养可能会争夺食物，但蟹偏向于动物食性，食性偏大，虾偏向于植物食性，可利用河蟹不能利用的食物碎屑及残饵，净化水质。

（3）蟹、虾都需要水质清新，溶氧丰富的环境，蟹池混养青虾，由于蟹的耐氧性比虾高，在水体缺氧时，虾首先表现出不适反应，能起到“警示”的作用，从而能提醒人们尽早采取措施，加换新水，保证河蟹养殖不受损失。

（4）虾的繁殖力强、生长快，在养蟹池中，当缺乏动物性饵料时，部分小虾能够被蟹直接食用，增加河蟹的动物性饵料，为河蟹提供营养。而没有被河蟹食用的青虾长得更大，深受市场欢迎，价格更高，能提高整体经济效益。

8.2.5.2 蟹虾混养的方法

蟹池混养青虾，河蟹可按常规方法放养，青虾可在放蟹前或放蟹后投放。虾种的来源应因地制宜，灵活掌握，可以放养抱卵虾，也可放养幼虾，但幼小虾苗的投放最好先经小水体强化培育后再放，以提高成活率。面积较小的池塘，可以在春季从河沟等野外水体中捕捞抱卵虾放养，也可在起捕成鱼或鱼种并塘时，将捕获的大虾直接放入养蟹池，让其自然繁殖。一般情况下，每亩可放抱卵虾 1.0～1.5 千克或 3 厘米上下的虾种 3～5 千克，也可放养 1 厘米以上的虾苗 2 万～4 万尾。放养应分点投放，以使青虾在水体中尽早分布均匀。投放地点可在池边浅水处或水草较多的地方。早期放养的青虾，经 2～3 个月的养殖，部分即可长成商品规格，这时可捕大留小，疏松密度，保证最小的小虾年底也能达到商品规格。放养抱卵虾，可在小网箱中产卵孵化，产卵后及时捕捞亲虾上市。有条件的地方，还可在大虾起捕后，补放一些虾种，实行轮捕轮放，能显著地提高经济效益，充分利用水体资源。

8.2.5.3 养殖管理

（1）青虾放养后，养蟹池水体空间基本都被利用，应加强水质管理。一要多栽水草，让青虾、河蟹在水草中栖息、活动，互不干扰，有利于各自的生长。池中水草不足，可在外河沟中临时捞取。二要在池边及水体的不同区域设置浅滩，增加浅水活动区域，增大养殖空间。三要勤换新水，保持水质良好。混养青虾的池塘要比单一养蟹的池塘多换新水次数，一般春、秋两季 5～10 天换水 1 次，夏天 2～3 天换水 1 次，酷暑季节及闷热天气每天 1 次。平时应坚持早晚巡塘，发现问题，立即解决。若发现大量青虾在池边活动，并带跳跃状，是池中缺氧的预兆，应立即加换池水，也可先用增氧剂进行人工急救，然后再分析原因，采取对策，防止缺氧泛池。

(2)饵料投喂在保证河蟹食量的前提下，有意识地增加青虾喜食的饵料量，可多喂蛋白质含量高的粉末、细粒状饵料。一般情况下，池中总投喂量可比单一养蟹略高一些以满足青虾的需要，这样对蟹、虾的生长都有利。但在具体投喂时，应坚持宁少勿多的原则，以尽量利用蟹池中的天然饵料，否则会浪费饵料，败坏水质。

(3)青虾一般很少生病，在搞好蟹病预防的前提下，可不必对青虾采取任何预防措施，但预防蟹病的药物应特别慎重，对青虾敏感的药物如敌杀死、敌百虫等尽量不要使用。平时，经常用生石灰(每亩用量 10～15 千克)化水全池泼洒，对虾蟹都有利。

(4)起捕和销售　蟹池混养青虾，应采取轮捕的方法捕获青虾，坚持捕大留小，多次捕捉的原则。因为青虾的生长速度不一，规格也不一样，这样能提高大规格虾的上市比例，提高品质。不宜干池后一次捕捉。否则，虾和底泥混合在一起，一则影响捕捉，二则很难捕捉干净。起捕可用虾笼、网具等捕捉，也可用抄网在水草丛中抄捕。捕获的青虾应经大小分检后，按规格销售。年终一次起捕的青虾，可在网箱中暂养一昼夜，以洗刷体内外的污物，可提高销售质量。

8.2.6 池塘主养塘鳢

塘鳢广泛分布于芜湖市各湖泊、沟渠等较大水体，是一种个体较小、品质优良的经济鱼类。其体粗壮，头大而阔，稍扁平，腹部浑圆，后部侧扁。喜生活于河沟及湖泊近岸多水草、瓦砾、石隙、泥沙的底层，游泳力弱。冬季潜伏在水层较深处或石块下越冬，以虾、小鱼为主要食物。一龄鱼即达性成熟，3—5 月初为产卵季节，产卵场多在背风的湖湾内，产卵活动一般在早晨 6—7 时，水温约 18～25℃时进行。卵整齐排列黏附于蚌壳、瓦片或石块上。雌鱼产卵后即离去，雄鱼则守巢护卵，直至仔鱼孵出。其含肉量高，肉质细嫩可口，是群众所喜爱的桌上佳品。

8.2.6.1 池塘选择

塘鳢主养宜选择面积不超过 5 亩的池塘，水深能控制在 1.5 米为好，塘底平坦，无淤泥、无污染，进排水方便，进排水口要用聚乙烯网防逃。

8.2.6.2 池塘消毒

采取干塘消毒，冬季排干池水，进行塘口整理，暴晒后每亩用 120 千克生石灰彻底消毒，一周后加水至 1 米深。

8.2.6.3 苗种放养

在春节前后放养 500 克/尾鲢鱼每亩 120 尾、鳙鱼 20 尾，3 月 20 日左右放养 4～5 厘米/尾青虾每亩 2 千克，3 月底至 4 月初放养 10～20 克/尾塘鳢每亩 1500 尾。要求规格相对整齐,时间相对集中。所有苗种均用食盐水消毒5～10分钟后投放,消毒过程中应密切关注鱼种状况,防止意外。

8.2.6.4 养殖管理

(1)饲料投喂,投喂青虾料,以小虾作塘鳢饵料,形成自然生物链。后期适当补充以适口的鮰鱼料,投喂量控制在鱼体重的3%左右。随着个体增大,相应调整饲料粒径。投饵率,根据天气和鱼类摄食情况调整。每天上午9时、傍晚5时各投喂一次,严格按"四定"要求操作。

(2)水质管理早期水位不宜太深,随着气温升高,逐渐加深水位。每半月泼洒生石灰一次,每次用量10千克/亩。调节水体养殖环境,保持水质"肥、活、嫩、爽",使水体中有充足的生物饵料,供鲢、鳙鱼摄食。夏秋关注水质变化,防止缺氧。

(3)日常管理坚持早晚巡塘,观察鱼类生长情况、摄食及水质变化,做好苗种投放、水质调控、饲料投喂记录。定期测量塘鳢规格,掌握生长情况,调整投喂量。

(4)病害防治关键要做到:清塘消毒工作到位,加强水质调控。

8.3 灾害控制

水产养殖生产受自然因素影响较大,芜湖近年来每年灾害直接损失都在几千万元以上,最多的年份超过2亿元,占当年渔业产值的6.5%。渔业灾害主要为洪涝、干旱、病害、污染、低温、冻灾等。2009年因受冰冻影响,南陵籍山一生态养龟外塘由于没有及时除冰,造成缺氧一次性死龟2.1万千克。2013年6月许镇一精养鱼塘,因气压变化没有引起养殖户的重视,造成池塘缺氧,采取措施不及时,全塘各种鱼类大量死亡,直接经济损失50多万元。

表8.3 芜湖市渔业灾害

年份	一、受灾养殖面积						二、水产品损失					
	合计	台风、洪涝	病害	干旱	污染	其他	损失数量	直接经济损失	台风、洪涝		病害	
	(公顷)	(公顷)	(公顷)	(公顷)	(公顷)	(公顷)	(吨)	(万元)	数量损失(吨)	直接经济损失(万元)	数量损失(吨)	直接经济损失(万元)
2009	5315	55	795	0	5	4470	1569	2283.61	46	32.89	233	271.85
2010	2988	1770	1080	0	28	110	1295	1165.68	689	566.61	263	291.27
2011	13859	1120	668	10046	20	2005	23402	20362.58	400	662	178	263.36
2012	4818	2664	634	500	15	1005	1658	3875.35	806	1966.12	336	509.23
2013	9009	603	659	6930	12	805	3581	7523.51	537	1202.81	382	573.26
2014	3694	200	698	2000	11	785	838	2353	90	300	282	472.69

年份	二、水产品损失						三、损毁渔业设施(台风、洪涝)							直接经济损失合计(万元)
	干旱		污染		其他		直接经济损失(万元)	池塘		网箱		围栏		
	数量损失(吨)	直接经济损失(万元)	数量损失(吨)	直接经济损失(万元)	数量损失(吨)	直接经济损失(万元)		数量损失(公顷)	直接经济损失(万元)	数量损失(箱)	直接经济损失(万元)	数量损失(千米)	直接经济损失(万元)	
2009	18	18	12	8	1260	1952.87	82.16	10	20	0	0	25	47.16	2365.77
2010			15	14	328	293.8	152.47	58	1.74			60	113.18	1318.15
2011	22594	18627.22	0	0	230	810	2046	50	22	120	12	50	12	22408.58
2012	300	610	21	40	195	750	1958.13	1577	517.31	910	37.15	45	11	5833.48
2013	2490	5177.41	21	40	160	530	1410.21	607	263.21	300	35	50	12	8933.42
2014	300	1000	6	30	160	550	1295	450	250	300	35	45	10	3647.69

8.3.1 引发鱼类发病的因素

鱼和所有的生物一样，必须与所生活的环境相适应。鱼的生活环境是水，鱼要健康地生活，一方面要求有好的环境，另一方面要有一定的适应环境能力。如果生活环境发生了不利于鱼的变化或者鱼体机能因其他原因引起变化而不能适应环境条件时，就会引起鱼类发生疾病。因此，鱼类患病是机体和外界因素双方作用的结果。前者是致病的内因，后者是外因。

8.3.1.1 引起鱼类发病的环境因素

(1)自然条件，水温的变化：水温急剧变化、下塘温差、病原体合适繁殖温度。水质的变化：有机质需微生物分解—大量耗氧—硫化氢、甲烷、碳酸，pH 变化，重金属。溶氧的变化：低于 3 毫克/升，影响鱼类摄食，生长，达到或低于 1 毫克/升，窒息死亡。

(2)人为因素，放养密度不当和混养比例不合理，饵料不足、营养不良、抵抗力下降。饲养管理不当，饲料不洁、霉变、投饲不均、粪肥未发酵，易发生肝胆、营养性疾病。机械损伤，拉网、鱼种运输不当易发生水霉病。

(3)生物因素，病毒、细菌、霉菌、藻类——植物性病原体，习惯上称之微生物——传染性鱼病；原生动物、蠕虫、甲壳动物——动物性病原体——寄生虫性鱼病；敌害，有水鼠、水鸟、水蛇、青泥苔、水网藻。

8.3.1.2 影响鱼类发病的内因

在一定环境条件下，只有外界因素的作用，或仅有病原体的存在，并不能使鱼生病，还要看机体本身对疾病的感受力如何(抗病力)。机体对入侵的病原体具有不感受性(免疫性)——不发病。鱼类对入侵的病原体具有感受性，病原体就获得对本身繁殖的有利场所——可能发病。

同种或不同种的鱼，它们的免疫力并不一致，与性别、年龄、内分泌、营养状况、机体结构、抵抗物质的数量、环境有关。青草鱼多发肠炎病，而鲢鱼鳙鱼不发病。体长5厘米以下草鱼易发白头白嘴病。同一水体中有的发病、有的不发病，与机体内在因素有关，黏液、鳞片、黏膜、分泌物等。

8.3.2　鱼类疾病防治

8.3.2.1　疾病发生的一般规律

（1）水质、底质恶化必然引起烂鳃、肠炎、车轮虫等疾病，不及时治疗可引发水肿、腹水等疾病。

（2）投喂不洁饲料可引发肠炎、水肿、腹水等疾病。

（3）饲料营养缺乏（主要是维生素），易引发鱼体溃疡，并使鱼类免疫力下降，继而发生多种疾病。

（4）暴雨刺激、换水量过大等，会造成鱼虾应激反应。

8.3.2.2　有效防治的几个关键点

（1）综合防治是关键：养殖的全过程每个操作都要考虑到防病；治疗时，也要将可能的疾病都考虑进去。

（2）防水质、底质恶化，关键不过量投喂，定期水体消毒杀菌，施入活菌制剂，补充营养元素。

（3）细心管理，一旦鱼虾不正常，立刻检查，对症下药，决不耽误。

（4）预防暴雨造成强流水等外源强刺激，避免造成应激反应。

（5）定期内服抗菌、抗病毒药物（中药）以及免疫调节性的营养物。

（6）用药不能怕麻烦，更不能有随大流的思想，要根据自家塘口的实际情况决定用药的品种及用法用量。

第 9 章 人工影响天气

我国是一个农业大国，农业在整个国民经济中占有十分重要的地位，但同时我国也是世界上易灾、多灾与灾情严重的国家之一。在发生的自然灾害中，气象灾害居各种自然灾害之首，气象灾害造成的损失约占所有自然灾害造成经济总损失的 70%以上。特别是近年来，受气候变化影响，极端天气现象增多，以干旱、洪涝等为主的气象灾害常对国民经济、人民生活等造成严重损失，尤其是威胁到农业生产，严重影响农民增收和粮食安全。针对旱灾、雹灾等不同气象灾害的特点，运用先进的科学技术，积极开展人工影响天气作业已成为农业气象的重要组成部分，是气象部门服务“三农”的重要手段。近年来，人工影响天气作业在增雨抗旱、防雹防霜、缓解水资源短缺和生态建设、开发空中水资源、促进国民经济可持续发展等方面取得了显著成效，已成为农业防灾减灾的有效措施，为农业增产和农民增收做出了积极贡献。

人工影响天气是指为避免或者减轻气象灾害，合理利用气候资源，在适当条件下通过人工干预的方式对局部大气的云物理过程进行影响，实现增雨(雪)、防雹、消雾、消云等目的的活动。人工影响天气概念的提出，是基于人类为了生产和生活的需要，希望通过人为干预以防止或减轻由恶劣天气引起的自然灾害(如干旱、冰雹、雷电、暴雨等)，进而在适当条件下，促使天气向有利于人类需要的方向发展。人工影响天气作业是指用高炮、火箭、飞机、地面发生器等，将适当催化剂引入云雾中，或用其他技术手段进行人工影响天气的行为。

人工影响天气作业装备分为空中作业装备和地面作业装备。空中作业装备主要包括作业飞机和机载作业装备(AgI 末端燃烧器、AgI 焰弹发射器、AgI 发生器、液态二氧化碳(LC) 播撒器、LN 播撒器以及盐粉、尿素播撒器等)。飞机的机动性强，可直接将催化剂播入云中预定部位，播撒均匀，覆盖范围广，是云内播撒的最佳平台。适合人工影响天气探测和作业的飞机，主要考虑其有效载重、最大升限、最大航程、巡航速度、续航时间等技术性能。地面作业装备主要包括火箭和高炮、地面发生器。利用火箭、高炮发射输送 AgI 催化剂，具有播撒集中、冰核浓度高的特点，基本上能够控制目标区范围，特别适合于飞机难以进入的对流云人工增雨和防雹作业，但对发射弹道的准确度和稳定性以及准时爆炸或燃烧等功能有较高要求。使用地面发生器无须申请空域和值守，可长时间播撒，适宜山区和城市周边增雨(雪) 、防雹作业。人工影响天气催化剂分为制冷剂(干冰、LC、LN、液态丙烷(LP)等)、人工冰核(AgI 等)和吸湿性核（食盐（NaCl）、氯化钙（$CaCl_2$）、硝酸铵（NH_4NO_3）、尿素（NH_2CONH_2）等）3 类，前两类用于冷云催化，后者用于暖云催化。地面发射器使用的催化剂有液态和固态 2 种，液态主要是 AgI 丙酮溶液、LC 等，固态为 AgI 焰条。

人工影响天气的科学理论是美国科学家在 20 世纪 40 年代末实验室内的实验基础上逐步发展起来的，当时发现通过对低于 0℃的过冷却云中加入干冰（冷却剂）或碘化银（人工冰核），使过冷却云中产生冰晶，从而可达到人工激发降水的目的。由于人工影响天气具有巨大潜在的经济、社会和军事用途，人工影响天气一直受到各国政府和公众的高度重视，有关的科学试验和研究从来没有停止过，过去的科学理论已经被大量的试验和时间所证实。

云雾物理与人工影响天气也是我国发展最早的学科领域之一。1956 年 1 月 25 日，毛泽东主席在讨论并通过《1956—1967 年全国农业发展纲要》的国务会议上提出："人工造雨是非常重要的，希望气象工作者多努力"。同年 10 月发布的《气象科学研究 12 年远景规划》中提出了云与降水物理过程和人工控制水分状态的试验研究，其中列出了人工降雨、消除云雾和冰雹等内容，并建议此项工作由中央气象局负责，有关实验和理论研究由中国科学院负责。从此，人工影响天气成为中国气象局气象科学研究的重要领域之一。1958 年，我国很多地区旱情较为严重，为了缓解旱情对农业造成的影响，我国在吉林省首次使用飞机进行人工增雨试验，开启了我国人工影响天气的篇章。此后我国人工影响天气技术得到快速发展，人工影响天气作业规模逐步扩大，其作业规模已居世界首位，有效减轻了各种气象灾害给国民经济带来的不利影响。2002 年 3 月 13 日，国务院颁发了《人工影响天气管理条例》，对工作的经费管理、组织措施、操作安全等做了明确规定。2005 年国务院办公厅发出了《关于加强人工影响天气工作的通知》，对我国抗旱救灾、缓解水资源及减少农业生产损失等方面发挥的重要作用给予了肯定，并要求各级政府要为人工影响天气工作的实施提供保障和支持。

经过 70 多年的试验研究，现阶段，人工影响天气主要致力于在适宜的地理背景和自然环境中，选择适当的云体部位，进行人工催化作业，以期达到增雨、防雹、消雾的目的。目前，以美国、加拿大、澳大利亚、以色列、南非、泰国等为代表的国家主要使用飞机和地面发生器开展人工影响天气作业。以俄罗斯、中国、保加利亚等为代表的国家在使用飞机和地面发生器的同时，也使用火箭（或高炮）开展人工影响天气作业。我国现有 30 个省（区、市）不同程度地开展人工增雨（雪）、防雹、消雾、消减雨等作业试验，基本形成了依托天气、气候预测预报掌握降水天气过程，以地面常规观测网、卫星、雷达和云物理特种观测技术装备观测云和降水的发展演变过程，利用云数值模式、雷达及卫星反演产品对作业条件、潜力区进行识别预测，以雷达实时指挥作业，以飞机播撒 AgI、制冷剂（液氮、干冰）对层状云和积层混合云进行催化，以高炮和火箭等运载工具播撒 AgI 催化对流云，以物理检验和统计检验方法评估作业效果的人工影响业务流程。在缺水和多冰雹地区，人工影响天气作业已成为增加降水、缓解旱情和抑制冰雹、减轻雹灾的一项行之有效的重要措施。

9.1 人工增雨

我国是世界上水资源较为匮乏的国家之一，人均水资源占有量仅为世界平均水平的 1/4，且分布不均。由于全球气候变暖，干旱区域已有扩大趋势，且自然降水变率大，分布不均，不少地区旱灾连年发生，水资源短缺这一现状无可回避，因旱灾损失的粮食占各种自然灾害造成粮食损失的 60%以上。而空中云水资源是指存在于大气中的液态水和固态水总量，是通过人工干预可以直接开发利用的水资源。作为重要气候资源之一，空中云水资源可以成为解决水资源短缺之困的云端“活水”。

作为开发利用空中云水资源的“主力”，近年来，气象部门积极开展人工增雨作业，成为防灾减灾、保障国家粮食安全、缓解水资源短缺、促进生态建设与保护的“好帮手”。人工增雨是指对具有人工增雨催化条件的云，采用科学的方法，在适当的时机，将适当的催化剂引入云的有效部位，达到人工增雨目的的科学技术措施。其科学原理是建立在云形成基本原理的基础之上，云和降水的形成需要三个基本条件：首先要有水汽，水汽是通过地表蒸发过程（内循环）和输送过程（外循环）产生的；有了水汽还不行，还必须要有上升气流，使水汽通过上升过程凝聚成液态（固态）水，但水汽成为水滴（冰晶）还需要凝结核（冰核），如果没有这些核，水汽很难成为云滴（冰晶）。因此，目前的人工增雨就是通过影响云形成所需的凝结核（冰核），而不是改变水汽和上升气流，它是利用了云和降水形成过程中对云微物理的敏感性。

天空中的云有暖型云（云内温度在 0℃以上）和冷型云（云内温度在 0℃以下）。对冷型云的人工增雨，常常是播撒制冷剂和结晶剂，增加云中冰晶浓度，以弥补云中凝结核的不足，达到降雨的目的。对暖型云的人工增雨则通常是向云中播撒潮湿剂和水雾，加强云中碰撞，促使云滴、雨滴增大，降到地面。

人工增雨技术是基于播云理论，利用了云微物理对凝结核（冰核）的敏感性，这种技术本身是基于自然云形成的，并没有超越自然云形成的过程，由此决定了人工影响天气作业是有条件的，只有符合一定条件的云播撒才会产生效果。人工增雨的理想天气是：作业区上空需要有水汽含量较丰富的积状云，且云层较厚，云顶高度在 6100～12200 米，地面有小于 10 千米/时的微风。人工增雨的方法多种多样，有高射炮、火箭、气球播撒催化剂法，有飞机播撒催化剂法，还有地面烧烟法。人工影响天气的催化剂有人工冰核、制冷剂和吸湿性巨核。前两者用于冷云催化，而后者用于暖云催化。人工冰核是人工影响天气试验和作业中应用最广泛的催化剂。人工增雨催化作业技术，包括催化剂、催化工具和催化方法是人工增雨关键作业技术之一，它直接影响到人工增雨作业的效果。多年来，我国的人工增雨飞机作业以播撒干冰、使用碘化银机载发生器和播撒液氮为主；地面则以高炮发射碘化银炮弹为主。

人工增雨与其他开源方式比较是一项少投资，见效快，相对比较成熟的技术，特别是山区迎风坡地形云的催化作业，已得到世界各国人工增雨水试验的证实和认可。WMO(世界气象组织)在《关于人工影响天气现状的声明》中，对混合相态地形云、层状云、积状云的局部人工增雨(雪)等催化技术给予了基本肯定。目前，全世界大约有80个国家或地区开展过人工影响天气试验研究，一些国家和地区通过长期深入的科学实验研究，掌握了当地云雨特点和相应的人工增雨技术，实现了人工增雨的效果，一些国家已将其作为业务长期开展。其中，以色列于20世纪60—70年代在其北部先后开展了2期飞机人工增雨计划，分别得到了相对增雨15%和13%的效果，又于1975年开始了以增加水资源为目的的业务性人工增雨作业计划，取得了良好的经济效益，投入产出比在1∶10以上。美国、俄罗斯和以色列等国还把人工增雨成套技术向发展中国家(如叙利亚、摩洛哥、泰国等)输出，并成立一些专门的人工影响天气商业公司，承接人工增雨计划和大坝工程设计咨询等项目，按照市场规律运作，按客户的要求有偿提供播云服务。20世纪70—80年代，我国在福建古田水库开展了为期12年的高炮人工增雨随机试验，相对增雨24%。

芜湖市属亚热带季风气候，季节变化明显，尤其是出梅后天气持续晴好高温，长时间降水偏少易造成丘陵高岗地区干旱。2013年7—8月，芜湖市持续36天无有效降水，高温日数长达32天，繁昌县最高气温达41.5℃，突破历史极值，连续晴热高温天气导致农田土壤失熵严重，全市各地出现不同程度的旱情。面对旱情，芜湖市气象局抓住有利时机，多次组织全市气象部门开展了大规模的人工增雨作业，累计作业27次，发射火箭弹58枚，作业效果明显，使旱情得到了有效缓解。

9.2　人工防雹

中国是世界上多冰雹的国家之一，雹灾分布广而出现频繁，主要分布特征是北部多于南部，山区多于盆地。冰雹对农业的危害虽然不像干旱的影响面积大，但由于它形成和发展快，雹粒动能大，常常会给农业生产造成严重损失，并可能带来人员伤亡等。雹灾损失取决于农业作物类型及其生长阶段、雹的大小和雹发生时风的强度，有时甚至会导致果品绝产、粮食颗粒无收。1982年山西省80多个县遭遇冰雹袭击，约29.40万公顷农田受灾、减产，这是新中国成立以来降雹次数最多、面积最大、损失最为严重的一年。防雹减灾是保障粮食安全的需要，在做好传统农业防雹减灾服务的同时，围绕农村产业结构调整，合理调整防雹作业布局，加大对优质、高产、高效、生态、安全以及特色农业的防护力度，可以促进农业生产、农民增收。

雹胚以霰为主，霰主要来自冰雪晶与过冷小水滴的碰冻，其次来自雪的积聚转化，冰雹主要是通过撞动过冷水过程而进一步长大的。人工防雹是指用高炮、火箭、地面发生器等向云中适当部位播撒适量的催化剂，抑制或削弱冰雹危害的科学技术措施。其原理是设法减少或切断给小雹胚的水分供应，也就是采用人为的办法，如用高炮或火箭将装有碘化银的弹头发射到冰雹云的适当部位，以喷焰或爆炸的方式播撒碘化银，或用飞机在云层下部播撒碘化银焰剂等，对一个地区上空可能产生冰雹的云层施加影响，使云中的冰雹胚胎不能发展成冰雹，或者使小冰粒在变成大冰雹之前就降落到地面。

20 世纪 70 年代，中国科学院大气物理研究所主持在山西昔阳县开展了为期 10 年的冰雹云物理和人工防雹研究，同时研制出雹谱仪、闪电计数器，用多种仪器对冰雹云进行综合探测。首次在国内对冰雹云进行分类，研究不同类型冰雹云的形成的环境条件、生命史、演变过程、结构特点和降雹特征，建立了冰雹云概念模型，提出冰雹云的识别方法和预报方法。还开展了人工防雹试验，开展爆炸防雹原理研究，证实“炮响雨落”现象。人工防雹有效地减轻了当地的冰雹灾害，发展了我国的雹云物理学，提升了我国人工防雹的技术水平。

1996—2000 年中国科学院大气物理所又在山西旬邑开展了人工防雹减灾技术的研究，不但探测技术水平有明显提高，研究方法也从单纯的观测分析发展到观测分析、野外试验和数值模拟相结合，将中国科学院大气物理研究所研制的三维冰雹云催化数值模式用于人工防雹的理论和技术研究，研究了冰雹形成的微物理过程、催化防雹的机制和催化技术，使冰雹云物理和人工防雹研究取得显著进展。

通过不断的研究试验，目前我国已逐步形成了以雷达观测识别雹云，并指挥以“三七”高炮为主，辅以防雹火箭、焰弹的防雹体系，催化作业的规模居世界之首。根据多年来的综合分析、检验，防雹作业明显减小了雹灾损失，在有较严格的科学设计和较完善的检测手段的地区，进行了效果检验。有资料表明：人工防雹作业后，雹灾面积减少了 40％～80％。2004 年青海省防雹总耕地面积 35.87 公顷，总作业次数 2204 次，作业耗弹量 65785 发。防雹作业取得了很好的效果，除大通、湟中和互助外，其他 8 个县都没有受到雹灾，受灾面积仅为 0.76 万公顷，减少 3.34 万公顷的受灾面积，挽回经济损失 2.24 亿元。

9.3 人工消雾

雾是由于近地层空气中悬浮的无数小水滴或小冰晶造成水平能见度小于 1 千米的一种天气现象。近地层的气温降低和水汽增加是形成雾的基本条件。雨雾多会给某些农作物带来大面积的病害，潮湿多雾也不利于人们的健康，其中危害最大的是现代交通，当大雾发生在机场时，飞机就不能起降；发生在江河湖海或高速公路时，就会影响轮船或汽车正常行驶，甚至会导致交通事故。除影响交通外，雾还能造成供电系统故障并会加重大气污染程度。因此，如何采用正确的方法来进行人工消雾就显得十分重要。

人工消雾是指人为使局部区域的雾部分或全部消除的科学技术措施。如用人工播撒催化剂、人工扰动空气混合或在雾区加热等方法使雾消散。

雾按其强度可分为：能见度小于50米的称为特强浓雾，能见度为50～200米的称为强浓雾，能见度为200～500米的称为浓雾，能见度为500～1000米的称为大雾，能见度为1000～10000米的称为轻雾。从人工消雾的观点，主要是按雾中温度低于0℃或高于0℃将其分为冷雾和暖雾，以便采取相应的作业技术方法。

人工消冷雾根据的原理主要是“贝吉龙过程”，是向雾中播撒适当物质使之产生大量冰晶，冰晶与水汽和水滴共存时，由于冰面饱和水汽压低于水面饱和水汽压，雾中的水汽便会迅速凝结到冰晶上，冰晶的增长抑制了水滴的增长，并促使水滴不断蒸发、数量减少，从而达到减少和清除大气中雾滴的效果。可产生冰晶的物质有制冷剂（液氮、丙烷和干冰等）、人工冰核（碘化银等）和通过膨胀降温产生冰晶的压缩空气。从技术上讲，人工消除冷雾较为成熟。

人工消暖雾要比消冷雾困难，采用的方法主要有播撒氯化钙等吸湿性核在雾中培植大水滴，拓宽雾滴谱，诱发碰并过程，造成雾的沉降，使雾消散；加热方法，增加局部区域温度，是雾滴蒸发而消散；用喷气发动机产生热气，靠热动力扰动气流，使雾蒸发消散；采用直升机破坏雾层顶部的逆温层，使雾因气流上升而消散。人们曾利用大风车或直升机来输入干空气，让直升机在雾的顶部来回飞行。直升机的绕铅直轴转动的叶浆可以把雾外的空气混入雾内，这种方法对300米厚的雾较为有效，它可使雾中出现直径300米的无雾区，并可以维持5～10分钟。

人工消雾曾有过很多成功的例子，但目前还仅只能在机场、码头、高速公路的部分路段实施，范围比较小。喷洒过消雾剂后，此地区周围的雾气将很快补充过来，雾会重新形成，所以对于大范围的雾，还需进一步试验，找出有效的方法。

9.4 人工防霜

霜冻是对农作物危害较大的气象灾害之一。在秋末春初，夜间晴空无云、静风时，由于辐射冷却、气温下降到0℃以下的时候将出现霜冻。每当出现霜冻的时候，植物体表面温度都在零度以下，植物体内的每一个细胞之间的水分就被冻结成微小冰晶体。这些冰晶在植物内部又要凝华细胞的水分，冰晶又逐渐长大。由于冰晶体的相互作用，细胞内部的水分向外渗透，使植物的原生质胶体物质凝固。这样的霜冻过程在几小时内形成，最终造成了农作物因细胞脱水而枯萎死亡。人工防霜是人们主动采取措施，用提高近地层空气和土壤表面温度的科学技术或其他方法，达到防止或减轻霜冻危害目的的科学技术措施，以保护农作物不受其害。

人工防霜主要有以下几种方法：(1)"硝蒽"烟雾剂防霜冻。当预报夜间晴空静风，可能出现霜冻时，即进行熏烟作业，在近地面层形成像浅雾的烟幕，使地面有效辐射大大降低，相对地使地面(或植株叶面)气温和周围空气的温度保持稳定、少变或升高，从而达到增温、减免霜冻的目的。(2)喷水法。喷水防霜冻的原理是从水压机的喷头温度高于0℃的水，落在植物体上很快会结冰。当水结冰时释放出大量热量，就会使植物体温不会下降。当日出后温度升高、冰融化，植物恢复原来状态。(3))扰动法。在夜间局部地区出现辐射冷却，地面温度低，而距地面10～20米高度气温高时的气象条件叫逆温，这时也常常出现霜冻。人们常用大的风扇使上暖下冷的空气混合，提高地面温度进行防霜冻。(4)加热法。应用煤、木炭、柴草、重油等燃烧使空气和植物体的温度升高以防霜冻。

人工影响天气作为防灾、减灾的手段有着重要的作用，但是我们应当认清的是，这种人工影响天气的科学技术仍然处在胚胎阶段，缺乏一定的成熟性，还是一门年轻的、发展中的科学技术。世界气象组织(WMO) 指出：应把人工影响天气作为水资源综合管理战略的一部分，并建议在各国建立开展云、雾和降水气候学分析，加强新观测工具和数值模拟技术的应用，开展跨国外场试验和独立专家评估等，以便向人工影响天气、水资源研究和业务提供有力的依据。因此，新技术的应用将是国际人工影响天气发展的趋势，具有重大的潜在价值。但仍然还需要在以后的科学发展中不断地加以研究、改造人工影响天气新技术，加强人工影响作为科学研究的投入，使灾难减轻到最小化，同时也要加强技术的有效实施，提高效果。

第 10 章　气象与农业保险

农业是国民经济的基础，为全社会提供大量的粮食、副食品和轻、化工业原料等。农业生产的主要劳动对象是有生命的动植物，因而农业生产有生产周期较长、受自然条件的影响大、产品供应不稳定等主要特点。为了降低农业生产的风险，开展农业保险是世界各国通行做法，美国、日本、法国、印度等许多国家都已经开展上百年或几十年，主要实行国家支持为主的农业保险，已经探索出比较完善的农业保险模式，然而世界各地农业保险的发展道路极其艰难曲折，其内在运行机制人们还认识不完整，有待进一步发展提升。

我国的农业保险经历了新中国成立初期的农业保险试验及 1982 年改革开放后农业保险的多次重复试验，2004 年以来的政策性农业保险试点，到今天依然处于初级发展阶段，继续在探索中发展。在我国，开展哪些种类的农业保险？采取何种方式去大规模地开展农业保险？尚有很多宏观制度和微观经营技术层面的问题，需要深入研究。

农业保险，是指保险机构根据农业保险合同，对被保险人在种植业、林业、畜牧业和渔业生产中因保险标的遭受约定的自然灾害、意外事故、疫病、疾病等保险事故所造成的财产损失，承担赔偿保险金责任的保险活动。

农业保险有别于农村保险，农村保险是一个地域性的概念，它是指在农村范围内所举办的各种保险的总和。农村保险不仅包括农业保险，还包括各种财产、人身、责任等保险种类。

农业保险按农业种类不同分为种植业保险、养殖业保险和林木保险；按危险性质分为自然灾害损失保险、疾病死亡保险、意外事故损失保险；按保险责任范围不同，可分为基本责任险、综合责任险和一切险；按赢利模式分为政策性农业保险、商业性农业保险。政策性农业保险有别于商业性农业保险，是非营利性的。

以下重点介绍政策性农业保险和芜湖地方特色农业保险：

10.1　政策性农业保险

10.1.1　定义

政策性农业保险是以保险公司市场化经营为依托，政府通过保费补贴等政策扶持，对种植业、养殖业因遭受自然灾害和意外事故造成的经济损失而提供的直接物化成本的农业保险。

10.1.2 意义

政策性农业保险将财政扶持与市场机制相衔接，创新了政府救灾方式，提高了财政资金使用效益，分散了农业风险，促进了农民收入可持续增长，也是世贸组织所允许的支持农业发展的“绿箱”政策。

10.1.3 特点

我国目前推行的政策性农业保险是由政府主导的，旨在保护和扶持我国农业的一个公益性保险产品。它与商业性农业保险相比具有如下四方面不同：一是经营目的不同。政策性农业保险由政府直接组织并参与经营，或指派并扶持其他保险公司经营，不具有营利性；而商业性农业保险的经营范围只由商业性保险公司承担，是以盈利为目的。二是保费来源不同。政策性农业保险，其产品由政府给予一定比例的财政补贴，而商业性农业保险则完全由投保人自己承担费额。三是运行机制不同。政策性农业保险是由政府组织推动，而商业性农业保险是由市场机制调节运作的。政策性农业保险是政府推动的，必须执行的。政府通过有关的法律规定对参与农业保险的农户既可享受到国家保险补贴，又可以享受到其他的优惠政策。如果不参加保险，灾后政府就不给予救济，农产品不能得到政府价格补贴等。四是经营风险不同。政策性农业保险经营的项目，保险责任范围囊括范围广，保险对象的损失概率较大，从而成本损失率高，商业性农业保险经营的项目责任范围窄，保险对象损失概率较小，成本损失可能性小。

10.1.4 原则

政策性农业保险的基本原则是：政府引导、市场运作、自主自愿、协同推进。主要目标是：建立健全政策性农业保险工作长效机制，提高农户投保率、政策到位率和理赔兑现率，实现“尽可能减轻农民保费负担”“尽可能减少农民因灾损失”的目标要求，推动政策性农业保险又好又快发展。

10.1.5 现状

政策性农业保险发展取得了一些成绩，2007 年到 2012 年，全国政策性农业保险保费收入由 51 亿元增长到 240 亿元，平均增速 36%；承保主要农作物从 2.3 亿亩扩展到 9.7 亿亩，占我国主要农作物播种面积的 40%；目前我国开办农险区域覆盖全国所有省(区、市)，覆盖面从零起步发展到 40%。其次，政策性农业保险对稳定农业生产、促进农民增收起到积极促进作用。2007年到2012年，累计赔款支付550亿元。同时，财政支持力度不断增强，2007年中央财政对农业保险实行补贴之后，从6个省扩展到全国，品种由6种变成15种。

安徽省从2008年全面启动政策性农业保险工作，为“三农”发展保驾护航。几年来，农户投保率、政策到位率和理赔兑现率稳步提高。仅2014年，全省政策性农业保险累计承保大宗农作物8827万亩、牲畜118万头，为1400多万户（次）农户提供了262.2亿元的风险保障；累计赔付6.9亿元，446.9万户（次）农户从中受益。到2014年底，我省已累计承保大宗农作物5.6亿亩、重要牲畜1081万头、森林5281万亩，提供风险保障1888亿元。保险机构累计赔付保险赔款突破50亿元，3933万户（次）农户从中受益，支持投保农户特别是新型农业经营主体尽快恢复再生产，减少收入波动，稳定收入水平，减轻因灾损失，农业保险“防火墙”“安全网”“稳定器”和“助推器”作用得到有效发挥。

10.1.6 本省概况

安徽省是全国农村改革的发源地，在探索政策性农业保险实施模式上也走在全国前列。最近的创新是：种植业保险改变以地级市为风险管控和资金统筹单位的原有模式，实行保费全省统筹、风险全省管控。在新的模式下，省级保险经办机构在银行开设农业保险资金专用账户，对种植业保险保费收缴、赔款支付实行“两条线”管理，种植业保险资金仍实行“专户存储、单独核算、封闭运作、财政监督”的管理办法。保险经办机构承担经办地区单季种植业保险保费3倍以内的赔付责任，3倍以上的赔付责任由省政府和市县政府共担。与此同时，安徽省适当降低种植业保险绝对免赔率，提高农户赔偿标准。全省种植业保险的绝对免赔率由15%下调到10%，农户一旦发生保险责任范围内的因灾减产损失，可得到保险金额90%比例的赔偿，发生绝收损失可获得100%保额的赔偿。

10.1.7 最新要求

2015年初，安徽省出台了最新的政策性农业保险实施办法，主要内容是：根据安徽省农业生产实际和保险业特点，政策性农业保险遵循“政府引导、市场运作、自主自愿、协同推进”原则。建立分工合理、协作有力、运转高效的农业保险工作机制，提高政策到位率和理赔兑现率，提升政策知晓度和满意度，“尽可能减轻农民保费负担、尽可能减少农民因灾损失”，推动全省政策性农业保险稳步发展。

10.1.7.1 承保范围

2015年试点品种为：水稻、玉米、棉花、大豆、小麦、油菜、能繁母猪、奶牛。并鼓励各地根据我省农业产业政策、当地农业生产特色以及本地财力状况，本着量力而行的原则，自主选择上述品种以外的其他种养品种开展特色农产品保险试点。

种植业保险责任为人力无法抗拒的自然灾害，对投保农作物造成的损失。养殖业保险责任为重大病害、自然灾害、意外事故以及强制扑杀所导致的投保个体直接死亡。按照“低保障、广覆盖”原则确定政策性农业保险保障水平。其中：种植业保险金额按照保险标的生长期内所发生的直接物化成本（包括种子、化肥、农药、灌溉、机耕和地膜成本）；养殖业保险金额为投保个体的生理价值（包括购买成本和饲养成本）。试点地区自行提高保险金额而增加的补贴，由当地财政负担。试点期间各品种保险费率，根据安徽省相关品种的多年平均损失率，并参照其他试点省份的费率水平确定。各试点品种的具体保险金额、费率，按照安徽省报备中国保监会的保险产品有关规定执行。

10.1.7.2 创新模式

采用“保险公司自营”模式，保险经办机构在政府保费补贴政策框架下，自主经营，自负盈亏。在16个市、2个直管县和省农垦集团全面开展政策性农业保险试点工作。国元农业保险股份有限公司、人保财险安徽省分公司为全省政策性农业保险业务的经办机构。市和直管县从中选择保险机构承办本试点单位农业保险业务。

根据中央和安徽省有关文件规定，加强农业保险大灾风险准备金管理，强化保险经办机构财务监管，保障大灾风险准备金运行安全；积极运用再保险等手段，防范和化解农业保险风险。根据财政部财金〔2013〕129号文件规定，保险经办机构应当采取有效措施，及时足额支付应赔偿的保险金，不得违规封顶赔付。

种植业保险保费中央财政补贴40%、省财政补贴25%、市县财政补贴15%、种植场（户）承担20%。能繁母猪保险保费中央财政补贴50%、省财政补贴25%、市县财政补贴5%、养殖场（户）承担20%；奶牛保险保费中央财政补贴50%、省财政补贴20%、市县财政补贴10%、养殖场（户）承担20%。有条件的市、县可适当提高农户特别是“五保户”、特困户的保费补贴比例，减轻农户保费负担。鼓励龙头企业、农村经济合作组织替农户承担一部分保费。市、县保费补贴不到位的，中央和省财政不予补贴。各市县财政部门要按照《安徽省政策性农业保险保费补贴管理暂行办法》（财金〔2008〕456号）规定，建立政策性农业保险保费补贴预决算制度，将保费补贴资金纳入国库集中支付管理。按时编制保费补贴年度计划，将本级应承担的保费补贴列入同级财政预算；按照承保进度，及时审核和拨付应匹配的保费补贴资金；在年终清算的基础上，编制保费补贴资金决算；加强保费补贴资金管理，确保资金专款专用，提高资金使用效益。

10.1.7.3 加强领导和宣传

办法还要求各级政府要统一领导、组织、协调本地区政策性农业保险工作，建立健全推进政策性农业保险发展的工作机制，进一步明晰和落实各相关部门分工负责制，各司其职，密切配合，切实履行起部门职责。各市县政府要在巩固维护好当前组织架构的基础上，重点加强理赔办公室建设，切实发挥理赔办公室指导、协调、监督等多重作用。各级有关部门和保险经办机构要进一步扩大宣传效果，根据不同的受众群体，采取行之有效的方式，开展更加有针对性的差异化宣传，消除政策盲点和认识误区，进一步提高农业保险的知晓度、理解度、接受度和满意度。自觉地重视、学习、支持和利用政策性农业保险，持续加大宣传力度，把宣传作为落实政策、推动工作开展的重要手段，努力营造政策性农业保险的良好氛围。

10.1.7.4　发挥主体作用

各级、各有关部门要进一步厘清政府与市场的边界，理顺基层政府与保险经办机构之间的关系，合理界定各方工作职责；要督促保险经办机构认真履行市场经营主体职责，进一步提高从业人员素质，改进工作作风，提高工作效率，严格按照政策规定，扎实做好农业承保、防灾减损、查勘理赔等各项工作，加快建立和配备与业务规模相适应的农业保险服务团队，不断提高服务质量和服务水平。

10.1.7.5　规范承保管理

各级、各有关部门和保险经办机构要严格坚持投保自愿原则，充分发挥种养大户、龙头企业、农村经济合作组织的示范带动作用，引导农户自愿参与农业保险。严禁以各种方式欺骗、误导或者强制农户投保，严禁违规代垫保费、抵扣补贴、抵扣赔款。保险经办机构要对保险标的数量、权属和识别信息等核心要素据实进行审验，保险合同应由被保险人签字或盖章确认，确保承保信息真实准确。要严格执行承保公示、“见费出单”和单证发放到户制度，确保“愿保尽保”。

10.1.7.6　规范查勘定损

保险经办机构要加强出险接报案管理，加快查勘定损速度，及时进行现场查勘。在充分听取专家和被保险人意见的基础上，会同被保险人核定保险标的受损情况；查勘报告应内容真实、项目完整，由被保险人（或被保险人认可的代表）和查勘人员签字确认，并将查勘定损结果予以公示。按照报损金额或面积大小，建立分级分类查勘制度，对较大或重大种植业保险赔案，应在现场查勘的基础上，按照受灾损失程度，分类进行登记，采取科学有效的抽样方法核定损失；对养殖业保险赔案应逐一核查出险标的。要规范理赔管理。保险经办机构要严格按照保险条款理赔，严禁随意更改赔付标准，严禁拖赔、惜赔、乱赔、无理拒赔，严禁均摊或者变相均摊赔款。严格执行理赔公开制、限时结案制和责任追究制，在规范操作基础上，通过优化流程、建立理赔绿色通道等多种有效途径，以及探索 GIS 信息系统应用、无人机查勘等多种新技术手段，提高理赔的时效性和精确度。加快理赔款支付进度，对与被保险人已达成赔偿协议的赔案，应在10日内将赔款通过银行转账或"一卡通"方式发放到户。不得以现金方式发放赔款，不得随意调整理赔公示确认后的分户赔款，杜绝截留、侵占、挪用农业保险赔款行为发生。

10.1.7.7 加强监督检查

省财政厅将会同有关部门通过实施绩效评价、组织市县互查和开展督查调研等方式，依法严肃查处虚构保险标的、骗取财政补贴资金、编造虚假赔案和扩大保险事故损失范围虚增赔款金额等违法违规行为；严厉打击违反投保自愿原则、强制农民投保等违规行为。市县财政部门要会同有关部门在所辖范围内组织开展监督检查工作，督促保险经办机构定期自查政策性农业保险有关规定执行和落实情况，避免出现各类操作性风险；要坚持以问题为导向，以查促改，及时发现解决工作中存在的矛盾和问题，不断完善相关政策措施，确保农业保险政策落到实处。

上述最新规定，主要是从四个方面进一步加大对农业保险的工作指导，打造政策性农业保险"升级版"。一是"转模式"。要求将种植业保险的"保险公司与地方政府联办"模式调整为"保险公司自营"模式，由保险经办机构在政府保费补贴政策框架下，以市场化经营为依托，自主经营，自负盈亏，积极运用市场化手段防范和化解风险；充分发挥市场资源配置决定性作用，深化政府购买服务改革，建立健全优胜劣汰机制，推进政策性农业保险走向有序竞争。厘清政府与市场的边界，理顺基层政府与保险经办机构之间的关系，合理界定各方工作职责，压实责任，支持保险经办机构持续稳定经营，进一步推进农业保险市场化。二是"抓规范"。要求保险经办机构围绕"三个规范和一个加强"，即规范承保管理、查勘定损、理赔管理和加强防灾减损，通过严格操作流程、引入先进技术、创新工作机制、建立健全制度等多种有效途径，切实维护参保农户权利，引导广大农户"愿保尽保"，进一步提升农业保险服务质量、水平和时效。三是"促创新"。要求保险经办机构积极创新服务保险产品，以新型农业经营主体为切入点，在现行政策性农业保险基础上，通过开展补充商业保险等方式，进一步提高保险保障水平和覆盖范围；积极拓展"三农"保险广度和深度，开发适用于"三农"发展的多环节、宽领域和差别化的各类商业保险产品，不断满足农业产业化发展、新型农业经营主体和农户的普惠性和个性化保险服务需求。同时，还鼓励和支持各地通过建立风险补偿基金、保费和利息补贴、以奖代补等方式，盘活农业保险保单资源，拓宽融资渠道，进一步发挥保险综合效应。四是"强措施"。要求各级、各有关部门从加强组织领导、加大宣传引导、完善扶持政策、落实资金保障和强化监督检查等着手，多措并举，密切配合，协同推进，发挥各自职能优势，积极支持和推动政策性农业保险工作，确保农业保险政策落到实处，进一步优化农业保险发展环境。

10.1.8　芜湖市最新试点

2015年6月3日，芜湖市政府决定在全市50亩以上种植大户、家庭农场和农业合作社种植的水稻、小麦和油菜农业保险上，开展政策性农业保险提标试点工作。这是在安徽省率先提高农业保险保障标准，主要是在水稻、小麦和油菜这三个主要农作物上提高物化成本保障标准，以保障投保农户灾后迅速恢复生产：水稻从原来的330元/亩提高到600元/亩，小麦从原来的270元/亩提高到500元/亩，油菜从原来的270元/亩提高到600元/亩。保障标准提高部分金额的保费率小麦按照原来6%不变，水稻和油菜在原来6%的基础上下调一个百分点，提标部分的保费由市财政承担40%，县财政承担30%，农户承担30%。据初步推算，全市大约56%的农户(50亩以上大户)受益，试点成功以后将在全市范围推行。

以水稻为例：原来国家规定的赔偿标准是330元/亩，按照6%费率计保费是19.8元/亩，农户承担20% 为3.96元/亩。提标后赔偿标准是600元/亩，其中超出原330元的270元，按照5%费率计保费增加13.5元/亩，农民承担30%计，增交4.05元/亩，先后合计为8.01元/亩。简言之，农民从原来交3.96元/亩保障330元/亩，提高到交8.01元/亩保障600元/亩。

推行这一提标试点工作，是贯彻落实2015年中央和省委一号文件有关精神，进一步推进芜湖市政策性农业保险工作，创新农业保险方式，提高农业防灾减灾能力，特别是利用金融杠杆引导保险公司加大对农业保险支持力度，引导农户进行产业结构调整进程都将具有重大的现实意义。

10.2　芜湖地方特色农业保险

芜湖市从2008年全面启动政策性农业保险工作的，当年在水稻上推广政策性农业保险20万亩，目前的发展在全省走在前列。2014年，全市政策性农业保险累计承保大宗农作物249万亩、牲畜1.8万头，为20多万户(次)农户提供了11.5亿元的风险保障。已经做到规定动作全面覆盖，应保尽保。自选动作不断创新，愿保能保。农户投保率、政策到位率和理赔兑现率均处于全省先进行列。最为显著的是特色农业保险，主要开展有烟叶、蔬菜大棚、蓝莓、葡萄、毛竹、水产等，其中超级杂交水稻高温热害指数保险最为突出。下面重点介绍：

10.2.1　蔬菜大棚农业保险

10.2.1.1　*名词解释*

蔬菜大棚保险是指根据保险合同的约定，被保险人的蔬菜大棚棚架、棚膜及其种植蔬菜，因风灾、水灾、旱灾、雹灾、冻灾、火灾、雷击、空中运行物体坠落导致蔬菜大棚棚架、棚膜及其种植蔬菜损毁的，保险公司将按照保险合同规定对被保险人进行赔付的保险行为。

10.2.1.2 基本标准

表 10.1 大棚保险金额备选表(元/亩)

棚架			棚膜	棚内蔬菜
钢制	水泥制	竹木制		
3000	3000	800	300	900
5000	5000	1500	500	1800
8000	8000	2000	800	2400
10000	10000	2500	—	3000

10.2.1.3 理赔程序

农户向保险公司报案——保险公司接到报案后派出查勘人员查勘——受灾较为严重的案件请农业技术人员进行灾情鉴定——确定受灾赔付标准——收集农户资料——拨付保险赔偿金。

10.2.1.4 近状

2014 年全年芜湖市参保大棚蔬菜保险共计 1765.4 亩，全年赔付保险金 36.9 万元。

10.2.2 蓝莓农业保险

10.2.2.1 名词解释

蓝莓种植保险是指根据保险合同的约定，被保险人种植的蓝莓，因风灾、水灾、旱灾、雹灾、冻灾、火灾、雷击、空中运行物体坠落；病虫害；鸟害导致种植蓝莓损毁的，保险公司将按照保险合同规定对被保险人进行赔付的保险行为。

10.2.2.2 基本标准

蓝莓种植保险赔偿标准为 3000 元/亩。

10.2.2.3 理赔程序

农户向保险公司报案——保险公司接到报案后派出查勘人员查勘——受灾较为严重的案件请农业技术人员进行灾情鉴定——确定受灾赔付标准——收集农户资料——拨付保险赔偿金。

10.2.2.4　近状

2014年全年芜湖市承保蓝莓保险3413亩，赔付保险金324.79万元。

10.2.3　烟叶农业保险

10.2.3.1　名词解释

烟叶种植保险是指根据保险合同的约定，被保险人种植的烟叶，因风灾、水灾、旱灾、雹灾、冻灾、火灾、雷击、空中运行物体坠落导致种植烟叶损毁的，保险公司将按照保险合同规定对被保险人进行赔付的保险行为。

10.2.3.2　基本标准

烟叶种植保险每亩保险金额标准为500元；600元；800元；1000元。烟农可根据种植品种价值选取不同赔付标准。

10.2.3.3　理赔程序

农户向保险公司报案——保险公司接到报案后派出查勘人员查勘——受灾较为严重的案件请农业技术人员进行灾情鉴定——确定受灾赔付标准——收集农户资料——拨付保险赔偿金。

10.2.3.4　近状

2014年芜湖市承保烟叶种植保险35536亩，赔付保险金50.57万元。

10.2.4　水产农业保险

10.2.4.1　名词解释

水产养殖保险是由保险机构为水产养殖者在水产养殖的过程中，对遭受自然灾害和意外事故所造成的经济损失提供经济保障的一种保险。

10.2.4.2　基本标准

水产养殖保险每亩水域面积精养塘保险金额为2000元、3000元、4000元三个档次，半精养塘为600元。

10.2.4.3　理赔程序

农户向保险公司报案——保险公司接到报案后派出查勘人员查勘——受灾较为严重的案件请农业技术人员进行灾情鉴定——确定受灾赔付标准——收集农户资料——拨付保险赔偿金。

10.2.4.4　近状

2014年全年芜湖市承保水产养殖保险11993亩，暂无理赔金额。

10.2.5 高温热害指数保险

10.2.5.1 项目由来和进程

2008年,芜湖市政府把水稻产业提升行动放在粮食稳定增产的首位,全面推动超级杂交水稻推广应用。当年推广面积达20万亩,到2010年达40万亩。芜湖地区一季稻上推广应用的超级杂交水稻主要是籼稻品种,一般在4月底5月初播种,7月下旬和8月上旬抽穗杨花,常常会遇到高温热害影响结实率,导致减产。即使是绝收,现有的政策性农业保险也仅仅只能赔偿300元/亩,如果是中等或中等以下的高温热害,现有的政策性农业保险很难定损,农民也就很难得到赔偿。为破解这一难题,2011年芜湖市农委抓住国际合作"天气指数农业政策性保险"项目的机遇,与气象、国元保险等部门合作,在南陵县许镇镇开展"天气指数农业政策性保险"项目试点工作。经省保监会上报国家保监会同意开展险种试点,该保险险种2012年4月入选中国保监会保险创新产品。当年试点规模3万亩,保费为每亩12.6元,总保费为378000元,保险期限为2011年7月21日至8月15日,2011年全年赔付农户204000元。2012年在南陵县承保面积增加为50345.41亩,保费为每亩13元,总保费为654488.32元,全年赔款443039.62元。2013年在南陵、无为两县开展试点工作,面积扩大到12万亩,2014年在南陵、无为、芜湖三县开展试点工作,面积扩大到20万亩。

10.2.5.2 什么是高温热害天气指数保险?

高温热害天气指数保险是指把一个或几个气候条件(如气温、降水、风速等)对农作物损害程度指数化,每个指数都有对应的农作物产量和损益,保险合同以这种指数为基础,当指数达到一定水平并对造成一定灾害影响时,承保户就可以获得相应赔偿。

10.2.5.3 高温热害天气指数保险如何赔付?

保险期间内的日最高气温大于35℃时的温差,累计之和大于10℃时启动赔付,且每亩赔偿金额以保险合同中载明的保险水稻的单位保险金额为限,每亩最高赔付标准为180元。

表10.2 超出10℃积温之和赔偿金额明细表(单位:℃,元)

超出温度	1	2	3	4	5	6	7	8	9
赔偿金额	0.2	0.4	0.6	0.8	2.3	3.8	5.3	6.8	8.8
超出温度	10	11	12	13	14	15	16	17	18
赔偿金额	10.8	12.8	14.8	18.8	22.8	26.8	30.8	38.8	46.8
超出温度	19	20	21	22	23	24	25	26	…
赔偿金额	54.8	62.8	70.8	78.8	86.8	94.8	102.8	110.8	…

理赔标准主要参考当地近20年的气象数据,设计选取高温热害指数来评价高温对水稻抽穗扬花期的影响程度.并依此计算出不同理赔标准的天气指数。保险期间:自7月21日0时起至8月15日24时止。保险责任:保险期间内的日有效高温差累计之和大于25℃时,按照此期间的日有效高温差累计之和与25℃之差计算每亩赔偿金额,每高0.1℃赔偿3元(根据当地20年气象资料统计分析后确定赔偿金额),每亩最高赔偿180元。日有效高温差的统计计算方法如下:以保险期间内的任一日为统计日且前溯两天,若该连续3天(含统计日在内)的日最高气温均在35℃(含35℃)以上,则统计日当天最高气温与35℃的差额是日有效高温差(2012年以后调整为以当日最高温度超过35℃就为统计日有效高温差)。保险金额与费率。保险金额:180元/亩。保险费率:7%,即每亩缴12.6元保费。保费补贴:保费分别由市、县、镇、村、农户共同承担。其中市财政补贴30%、县财政补贴30%、镇、村各补贴15%,农户自缴10%。保险业务经办机构:国元农业保险股份有限公司芜湖中心支公司。气象数据发布:以安徽省气象局发布的保险标的所在乡(镇)气象站记录数据为准。

10.2.5.4 现实意义

一是从保险品种角度而言,天气指数保险定损科学、核赔技术简便、能有效防范人为风险,是破解中国农业保险难题的有效方式之一。

二是开展天气指数保险在超级杂交水稻生产中的应用,有利于化解灾害性天气影响,稳定农业生产,减轻农民负担,提高灾后恢复生产的能力,促进农业和农村经济的全面发展。

三是从农户角度而言,天气指数保险无须保险公司挨个农田核定灾损情况,也不用农民多费口舌,只要气象部门提供的天气指标数据超过了约定水平,农民就可以拿到保险赔偿,彻底解决了农业保险长期存在的查勘理赔工作量大、成本高、精确定损难等问题,试点伊始就赢得了广大农户的一致欢迎。

参考文献

蔡福,张玉书,陈鹏狮.2009.近50年辽宁热量资源时空演变特征分析[J].自然资源学报,**9**:129-140.

陈丹,钟思强,安文芝等.2009.农业气象[M].北京:气象出版社.

陈家金,陈惠,马治国.2007.福建农业气候资源时空分布特征及其对农业生产的影响[J].中国农业气象,**28**(1):4-7.

褚玲娜,朱阿权.2009.畜牧气象研究进展[J].畜牧与饲料科学,**30**(5):82-85.

杜月辉,李月连.2008.气象因素对畜牧业生产的影响[J].当代生态农业,(1):23-25.

郝莹,鲁俊,李劲安.2011.安徽省近30年初终霜日及霜期气候特征[J].安徽农业科学,**39**:244-245.

贺芳芳,顾旭东,徐家良.2006.20世纪90年代以来上海地区光能资源变化研究[J].自然资源学报,**21**(4):61-68.

黄美元,徐英华,周玲.2000.中国人工防雹四十年[J].气候与环境研究,**5**(3):318-327.

黄英君,叶鹏.2006.我国农业保险发展变迁的制度分析[J].兰州商学医院学报,(4):96-100.

扈成省,陈笑娟.2010.气象因素对畜牧业发展的影响[J].安徽农业科技,(34).

霍治国,王石立等.2009.农业和生物气象灾害[M].北京:气象出版社.

李润飞,纪圆明,黄金福.2011.人工影响天气在农业防灾减灾中的重要作用[J].北京农业,**2**(3):214-215.

潘学军,李绍权等.2008.生猪养殖技术[M].湖南:湖南科学技术出版社.

曲祖乙等.2010.猪病防治技术[M].北京:中国农业出版社.

邵洋,刘伟,孟旭等.2014.人工影响天气作业装备研发和应用进展[J].干旱气象,**32**(4):649-658.

孙访竹.2012.发展我国政策性农业保险的问题及对策微探[J].商业现代化,(5):177.

田玉民,王立权等.2010.家禽饲养技术[M].北京:中国农业出版社.

温克刚,翟武全,鲍文中等.2007.中国气象灾害大典/安徽卷[M].北京:气象出版社.

王克祥.2007.国外农业保险模式[J].中国牧业通讯,(5).

芜湖市地方志办公室编.2014.芜湖年鉴2014[M].合肥:黄山书社.

吴俊铭.2001.贵州光能资源的基本特征时空分布规律及其合理利用[J].贵州气象,**25**(4):14-19.

吴文革,钱坤,陈周前.2007.水稻优质清洁生产理论与技术[M].合肥:安徽科学技术出版社.

解兆林,吴佳丽,徐群.2011.新宾县光能资源成因及利用[J].现代农业科技,**24**(9):317-318.

许小峰,孙健,高学浩等.2010.现代气象服务[M].北京:气象出版社.

杨思思,郝志军,张增显.2009.我国农村保险发展中的问题与对策[J].西南金融,(5).

杨维发等.2009.芜湖市志(1986—2002)上册[M].芜湖:方志出版社.

杨文平,李红玉等.2006.家禽饲养管理新技术[M].北京:中国农业出版社.

杨文钰,屠乃美.2003.作物栽培学各论南方本[M].北京:中国农业出版社.

于波等.2013.安徽天气预报业务基础与实务[M].北京:气象出版社.

于波,鲍文中,吴必文等.2013.安徽省农业气象业务服务手册[M].北京:气象出版社.

袁艳,丁卫东.2013.芜湖市小宗农作物生产现状与发展思考[J].现代农业科技,(13):325-327.

赵钢,周长征,姜永征等.2010.人工影响天气在气象防灾减灾中的作用及发展建议[J].现代农业科技,(14):268-269.

郑功成.1991.欧美国家的农业保险制度一兼论我国的农业保险问题[J].世界农业,(11):8-11.

中国气象局科技教育司.2002.中国人工影响天气大事记(1950—2000)[M].北京:气象出版社.

周道许.2007.我国政策性农业保险发展模式及政策建议[J].保险,(19):62-64.

周伟东,朱洁华,李军.2009.华东地区热量资源的气候变化特征[J].资源科学,**31**(3):122-128.

邹志荣,李建明等.2010.设施农业概论[M].北京:化学工业出版社.

朱慈根,掌子凯等.2013.农业气象对畜牧养殖的影响[J].中国畜禽种业,(7):75-76.

朱淑芳,赖景生等.1994.建立中国的农业保险体制[J].农业经济问题,(05):50-53.